活用钩织花片和图案

制作可爱的手编小物

［日］远藤广美 编著

甄东梅 译

河南科学技术出版社

·郑州·

目 录

Part 1

可爱的花片…4

Part
2

Part 1 *Motifs*

可爱的花片

一个小小的花片散发着的可爱和个性，是非常惹人喜爱的。
即使是用很简单的编织方法，也能够织出各种不同形状、不同感觉的花片来。
针法简单的花片，加上不同的配色变化，会使编织工作变得非常有趣，织得再多也不会觉得厌倦。

花片
14
花片
15
花片
16
花片
19
花片
18
花片
17
花片
21
花片
20
花片
22

花片 1

圆形花片的围脖

这是用马海毛线编织的花片制作出的简单的围脖。把简洁、自然的暖色调花朵编织出来后，基本上就算完成整个作品的编织了。这个作品使用的是我最喜爱的砖红色毛线，编织方法较简单，用锁针把圆形花片一个一个拼接在一起即可。

毛线/和麻纳卡

编织方法/p.42

虽然本作品与p.6花片的编织方法是相同的，但因为这款作品使用了与之有细微差别的羊毛线，而且在编织的时候只用了米白色这一种颜色的线，所以最后的成品就呈现出了一种完全不同的感觉。作品的颜色、式样比较简洁，在搭配的时候也非常简单、方便。

毛线/达摩手编线
制作/馆野加代子
编织方法/p.43

花片 2 和图案 1

雏菊花片披肩

这款镂空的雏菊花样披肩，使用了高级的马海毛线编织，看起来蓬松柔软，披在身上时，轻若无物。蓬松、轻柔的花片在编织的时候也非常方便。

毛线/和麻纳卡
制作/馆野加代子
编织方法/p.44

如果把两端的扣子和带子全部解开，
就变成了一款休闲舒适的披肩。

花片 3

双色线花片披肩

把2股细毛线并在一起作双色线使用，编织出花朵形状的花片。把不同颜色的毛线并在一起搭配使用，会使作品呈现出各种不同的、意想不到的效果。我想这应该就是双色线编织的最大乐趣了。在用双色线编织的时候还可以完全按照自己的喜好配色，是不是非常有趣呢?

毛线/芭贝
制作/馆野加代子
编织方法/p.48

花片 4

立体花朵手袋

我每个冬天都想编织一款红色的东西，你们有相同的感受吗?这个拉菲亚手袋的编织方法比较简单，先使用各种颜色鲜艳的毛线编织成花片，再用给人沉稳感觉的红色线把所有的花片全部连接在一起，这样就算完成所有的编织工作了。单纯从花片的颜色搭配来看，可能会觉得有些鲜艳，不过一旦编织好成品之后，就会发现所有的颜色搭在一起看起来也非常和谐。

毛线/ RICH MORE

编织方法/p.46

花片 5

雏菊花片梯形披肩

这款用七彩段染的毛线编织的披肩，能够尽显少女气质。使用这款毛线用锁针编织出的雏菊形状的花片，应该是这款披肩最讨人喜欢的地方。在第1圈编织出圆形的花片，第2圈连续编织的同时把各个花片都拼接到一起。

毛线/ HOBBYRA HOBBYRE
编织方法/p.49

花片 6、7

雪花花片围巾

雪花的结晶形状，能让人充分感受到自然界造型的美妙。我非常喜欢雪花的形状，还经常看各种雪花的写真集。雪花形状的花片非常适合使用钩针编织。使用马海毛线或者羊毛线编织出来的花片，有一种蓬松感，就像刚刚飘落的雪花一般。编织时，可以把许多个雪花形状的花片拼接在一起，这样完成的作品非常漂亮。为了使雪花形状的花片栩栩如生，让完成的作品更具特色，本书还介绍了花片的另外一种使用方法，就是把它直接缝在羊绒围巾上。

毛线/和麻纳卡

编织方法/p.50

花片 8

圆形花片五彩围巾

先编织出不同颜色的圆形花片，然后用米色线编织锁针把所有的花片拼接到一起，尽情享受这款颜色艳丽的围巾带来的不同体验吧！

毛线/芭贝

编织方法/p.52

花片 9

繁花似锦迷你包

把多个花形很正的花片连接在一起就可以做出这款迷你小包了。因为花片本身小巧、美观，即使使用各种颜色鲜艳的毛线编织，连接到一起的时候也不会有任何不协调，反而会收到意想不到的效果，让这个小包看起来与众不同。

包包可以作为小收纳包盛放手机或者相机等，当然也可以当作便携手袋在外出的时候使用，超级美观。

毛线/奥林巴斯

编织方法/p.54

花片 10

饱满可爱的花朵发圈、胸针

常常会有一种非常想编织东西的欲望，这时候就可以使用手头上各种颜色的零线，编织一些小花片出来，也不用特意地把线头打结。如果织一些觉得厌烦了，就再放到箱子里，等下次再想编织的时候拿出来继续就可以了。这样一点一滴地积累，最后也一定能编织出美丽可爱的花束。

毛线/ HOBBYRA HOBBYRE

编织方法/p.51

花片11、6

花片饰物

枣形针或者六边形花朵等花样，用钩针钩织成链状的话，完全可以作为装饰品使用。
这样的小饰品可以绕在手腕上当手链，也可以绕在头上当发带，仿佛手腕或者头上落了一层薄薄的雪花。

毛线/和麻纳卡
编织方法/p.61

花片 12、13

花片长项链

把预先准备好的圆形蕾丝花片编织在一起作长项链使用。这款饰品有很多不同的搭配方法，可根据不同的着装或者心情变换不同的搭配，这是让人非常快乐的一件事情。它也是众多饰品中我本人特别中意的一款。

毛线/奥林巴斯

编织方法/p.61

C

花片 14

大花图案的花片披肩

在编织的时候，我们可以尽情按照自己所想的图案把花片与花片之间的空隙加大，使这个铁线莲花形状的花片看起来更加醒目，惹人喜爱。搭配时，将披肩在脖子上绕一圈，犹如繁花散落在肩上，非常美丽。

毛线/RICH MORE
制作/馆野加代子
编织方法/p.55

花片 15

七彩段染无扣披肩

蓝色和紫色系的七彩段染的马海毛线，本身就给人一种轻柔松软的感觉；紫色和蓝色在一起的颜色搭配也非常有特色，如同雾色缥缈。如果编织成无扣短上衣穿在身上，就如同寒冷的冬日盛开的紫阳花一般惹人注目。另外，如果把披肩对折，还可以当作宽松的围巾使用。

毛线/芭贝

编织方法/p.56

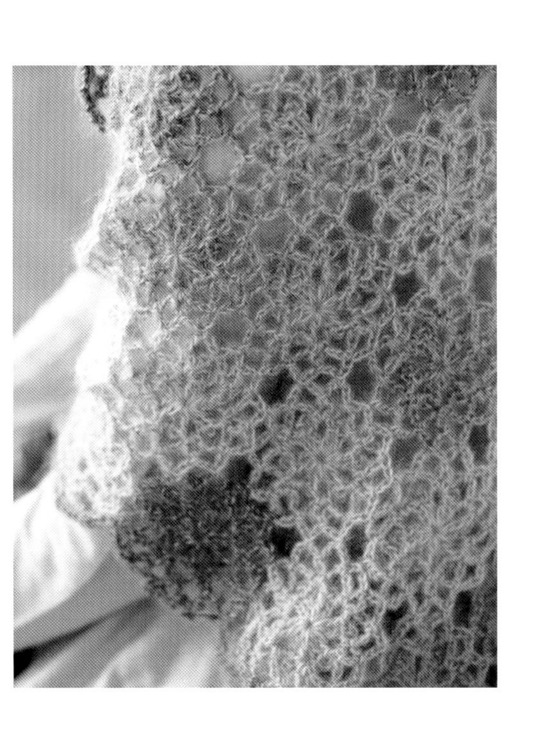

花片 16

花片手提包

我非常喜欢这个用中细毛线编织的花片，一直在纠结到底用它来制作什么作品比较好。在仔细思考之后，最后还是决定先用有毛毡效果的粗毛线编织出一款篮子形状的手提包，再把花片贴在手提包的外侧用来装饰。从连接每个花片的空隙中，可以看到后面毛线的颜色，这个独特的设计是我非常喜欢这款手提包的原因之一。当然，如果觉得这种设计方法不够好的话，也可以用比较小的花片把空隙填上，这样就看不到包身原来的颜色了。不过因为露出来的地方本身就是一个很可爱的花样，所以我个人认为不需要再多添加一层覆盖住，就这样保持原味也很不错。

毛线/和麻纳卡　制作/馆野加代子　编织方法/p.58

花片 17

方形花片套头衫

用轻柔的马海毛线编织出复古的蕾丝花片，毛线表面长长的毛给人一种朦胧的感觉。把每个花片拼接在一起时，还会出现新的花样，这应该也是用这个花片编织作品时的一大乐趣吧。

毛线/和麻纳卡
制作/馆野加代子
编织方法/p.60

Cherries

花片 18

春日花田盖膝毯

粉色、黄色、紫色、白色……使用多种不同颜色的毛线编织的这款七彩盖膝毯，在寒冷的冬日里使用，会给人一种置身于春日花海的感觉。因为毯子比较大，工作量较大，所以在编织的时候可能会有一点费力。把不同颜色的花片拼接在一起的时候，各种颜色的花片不仅能让你眼花缭乱，而且可以满足想要好好编织的小心愿，这不是一举多得的好事吗？

毛线/和麻纳卡
制作/馆野加代子
编织方法/p.62

花片 8

圆形花片装饰垫

p.14的的花片，如果是换成偏自然色调的毛线编织的话，作品整体会呈现出比较质朴的感觉。这里要介绍的这款装饰垫与前面的作品相比，只因使用的毛线颜色不同，成品呈现出来的效果就完全不一样了，相信很多人会对这种情况感到惊讶吧！如果对边缘编织稍下功夫，还可以编织出雪花形状的作品呢！

毛线/和麻纳卡
编织方法/p.53

花片 19

四边形花片盖布

因为花片的图案和编织方法等一直没有确定下来，所以开始只是抱着试试看的想法编织的。等织完之后却惊奇地发现，把圆形的十字花样拼接在一起后，角部的形状也很特别，我非常喜欢。编织这个花片的时候，通过改变毛线的颜色和里面的小细节等，可以构思出很多不同的作品。

毛线/达摩手编线
编织方法/p.70

花片 20

六边形花片茶壶罩、茶壶垫

享受冬日的闲暇时光或品尝下午茶时，这款茶壶罩绝对是您的不二之选。把暖色调的毛线编织成如同太阳一般的圆形轮廓，陪您享受惬意的下午茶时光。因为六边形花片中间有白色的花朵若隐若现，所以在茶壶罩的顶端也添加了一朵小小的花蕾和一片叶子。

毛线/芭贝

编织方法/p.64

花片 4、6、21

花片针插

用零线把底部的基础部分编织好之后，就可以把准备好的花片装饰在上面，创作不同风格的作品了。因为是一款比较有特色的作品，完全可以根据编织者自己的想法创作，所以很多以前试织出来的花片都可以在这里活用，这点让我非常喜欢。多编织一些花片，成排摆放起来也很有意思。这个小巧精致的作品当作小礼物赠送给别人是再合适不过的。

毛线/和麻纳卡
编织方法/p.66

花片 9

蓝白小花钩针收纳包

藏青色和原白色的小花设计，其创作灵感来自波兰的陶器。虽然花样图案很小，但是把完成的图案一片一片、耐心地编织在一起之后，完成的作品绝对能让人爱不释手。虽然与p.15的迷你包使用了同样的花片设计，但是成品却呈现出完全不一样的感觉。

毛线/和麻纳卡
编织方法/p.68
要点/p.36

Part 2 *Patterns*

可爱的图案

虽然与前面的花片相比，这部分图案在视觉效果上不够华美、鲜艳，但是它呈现出的是另外一种不同的意境，有韵味深远、意犹未尽的感觉。不管是看起来蓬松轻柔的枣形针编织，还是如同小气泡形状的狗牙针编织等，可以把许多小花样集中在一片花片中，创造出一个独特的图案。

图案 2

图案 1

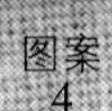

图案 4

图案 3

图案
5

图案
7

图案
6

图案
8

图案 2

花朵图案午餐包

使用钩针编织配色花样，在编织的同时把配色线包裹起来，使成品的质地很厚实。使用可爱的粉色线在包包上编织花朵图案，让人看起来心情愉悦。把它当作午餐包使用，是非常好的选择。

毛线/达摩手编线

编织方法/p.72

图案 3

树叶图案保温罩

树叶形状的花片是我最喜欢的花片种类之一。在寒冷的冬日，很多人离不开的就是一个暖手宝。只拿着一个暖手宝看起来稍微有一点点不美观，而且散热快，我就想自己设计、编织一款中意的保温罩。本作品主要使用了草绿色线编织，再搭配上泛红的灰色线和原白色线，都是我本人比较喜欢的颜色。

毛线 /芭贝

编织方法/p.74

图案4 和 花片22

枣形针花样贝雷帽

枣形针是最能够把毛线质感蓬松的特质表现出来的编织方法，个人认为它也是最能够代表钩针编织技巧的一种编织方法。因使用方法不同，作品还能够呈现出不同的效果，有时看起来会非常可爱，有时看起来又会非常奢华。顶部从花片开始编织，使用马海毛线一圈一圈轻柔地编织下去。

毛线/和麻纳卡
编织方法/p.76

图案4

枣形针花样护腕

平常外出或者游玩时，为了保护肌肤免受强烈紫外线的伤害，可以选择使用这款护腕。它使用了棉麻混合线编织，戴在手腕上非常干爽、光滑，不会有任何的不适感。虽然与上面的贝雷帽使用的是一样的织片，但因为使用的毛线种类不同，作品好像又呈现出另一种“表情”。这个护腕非常适合与自然风的服装搭配。

毛线/ 达摩手编线
编织方法/p.77

图案5

小花图案莫比乌斯环披肩

莫比乌斯环的编织方法，第一眼看起来好像比较难，但其实成功的秘诀很简单：就是最开始的那一行。如果能够把第1行顺利地编织下来，那么后面的编织就会水到渠成了。最后，再把成品自然扭转一下，就会出现莫比乌斯环了。星星点点的小花图案，如同完全盛开的丁香一般，看起来非常美丽，不是吗？

毛线/RICH MORE
制作/馆野加代子
编织方法/p.71
要点/p.38

图案 6

斗篷和罩裙

在手工编织的作品中，个人认为斗篷是比较怀旧的一类。把斗篷披在身上，会突显出肩部、胸前的优美曲线和修长的颈部，彰显出女性特有的韵味和美感。虽然使用的是蓝色线编织，但作品整体看上去泛着绿色，这也是我非常中意这款斗篷的一个原因。

毛线/达摩手编线
编织方法/p.75

把斗篷系在腰间的话，也可以当作短裙搭配衣物穿。

图案7、8

束腰长款背心裙

这款束腰长款背心裙的固定款式是相同的，育克处使用的是枣形针编织出来的波浪形花样，裙身部分则是简单的连编花样。这就是此基本款的编织方法，简单吧？因为使用的是比较容易有效果的灰色线，所以只改变一下丝带的打结方法，就会使作品呈现出另一种面貌。

毛线/ RICH MORE
制作/馆野加代子
编织方法/p.78

蓝白小花钩针收纳包的编织方法

图片见 p.27　编织图见 p.68

首先从外侧把小花花片拼接到一起，因为我自己不太擅长缝东西，所以就在内侧入针的部分，把口袋和包盖部分也一起编织了。因为毛线是刚刚够用的量，所以制作的口袋稍微有点浅。平时制作时，如果毛线量充足的话，也可以把口袋编织得更深一些哟！

※为了在制作时看起来简单易懂，讲解的时候使用了不同颜色的毛线进行说明

●［花片的连接方法］

因为是把长针编织的花片连接在一起，所以一旦针不小心拔出要重新穿进去。

1　首先编织1片花片，第2片花片要一直编织到拼接的位置。（编织1针长针）

2　把钩针所在针目挑大，一旦脱针的话，从第1片花片长针的头部（第2针长针）再把针穿进去，然后重新开始编织。

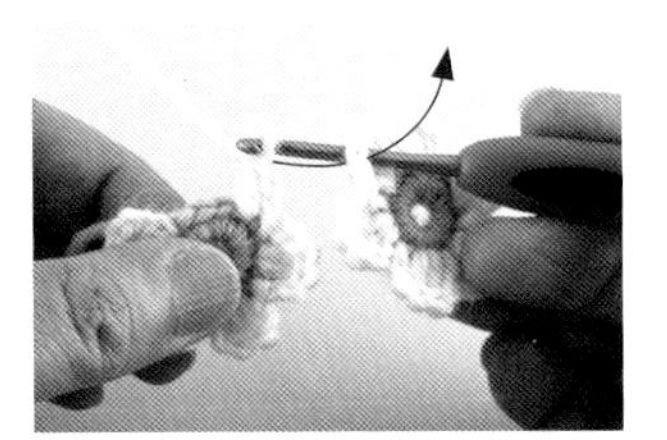

3　钩针回到第2片花片的针目处，针上挂线，从钩针所在的针目中拉出。

4　线拉出之后的样子。

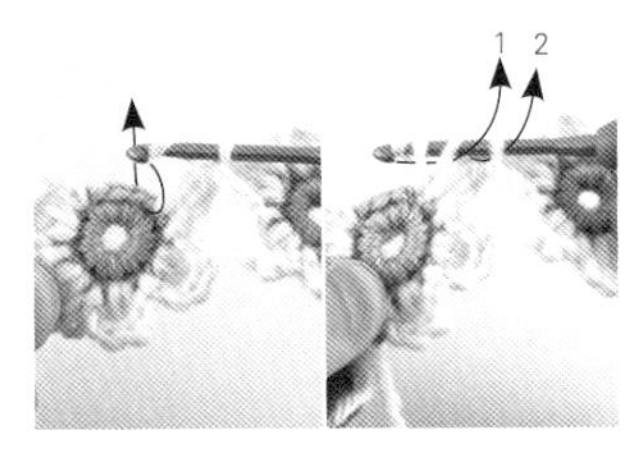

5　针上挂线，然后继续编织第2片花片未完成的部分。（编织长针）

6　继续编织长针，这样就把2片花片连接在一起了。

7　再接着编织，完成第2片花片。

8　最后编织长针把2片花片完全连接在一起。按照同样的制作要领，把所有的花片连接在一起。在编织完1片花片之后，整理一下线头会比较好。

●［入针位置口袋的编织方法］

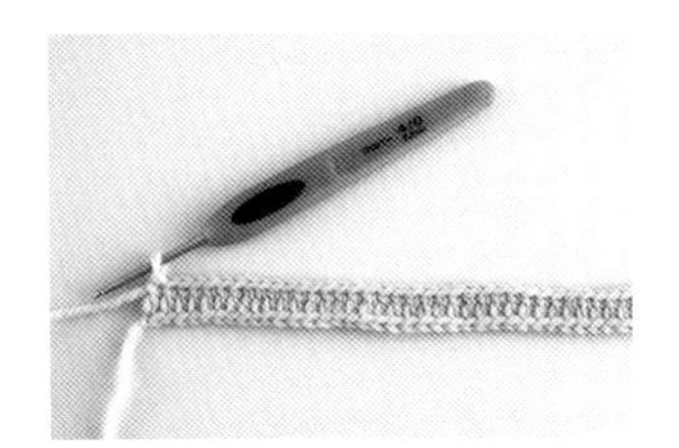

1　编织第1行长针。

2　从第2行开始，前、后要分开编织。钩针所在针目处可以用行数环等固定、休针。

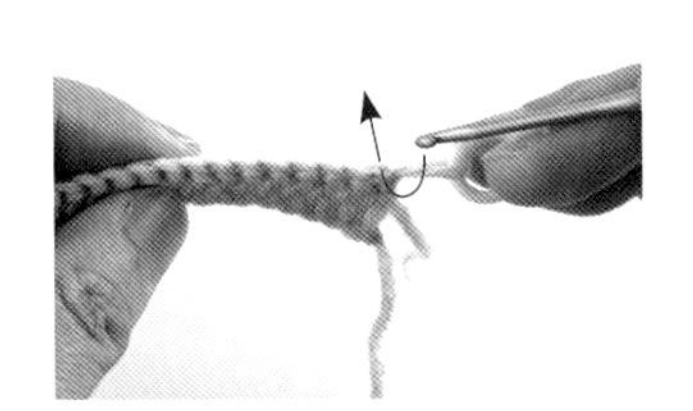

3　用一根新线开始编织口袋位置（前侧）。从第1行长针头部的对侧半针处挑针。

4　从第1行长针头部对侧的半针处入针，然后把要使用的新线拉出。（※为了区分，这里使用的是和编织作品时不同颜色的毛线）

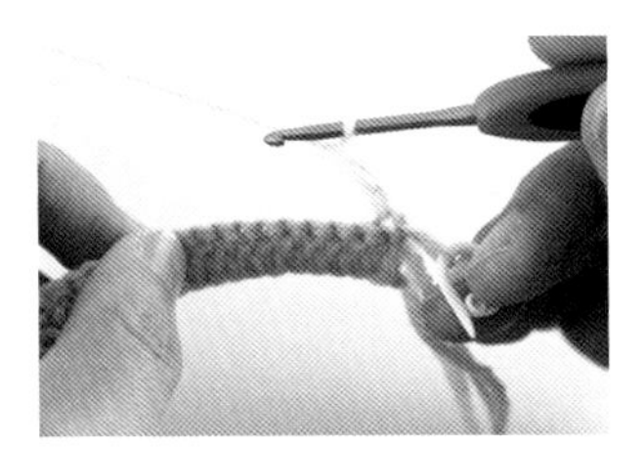

5　立织3针锁针。

6　钩针挂线，在下一个长针头部对侧的半针处挑针，然后编织长针的条纹针。

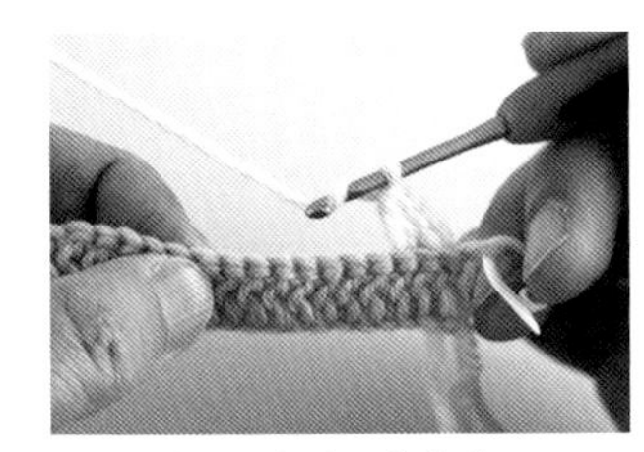

7　继续编织长针的条纹针。

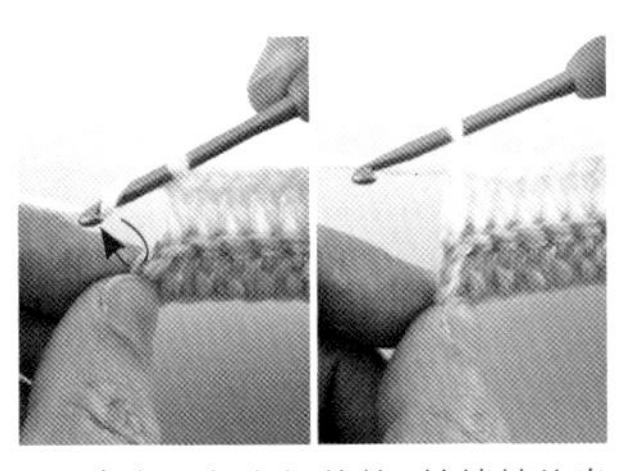

8　在上一行立织的第3针锁针的半针处挑针，在第2行的终点处编织长针。

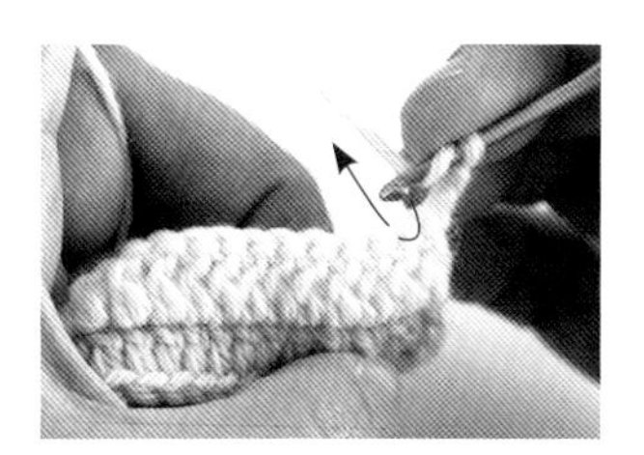

9 继续立织3针锁针，然后翻到另一面继续编织普通的长针。

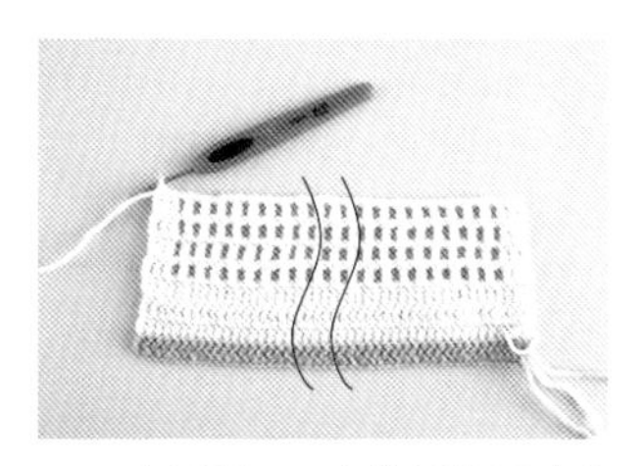

10 如图所示，在袋子位置（前侧）编织7行，然后把线剪断、引拔出。（实际是左右各编织69针）

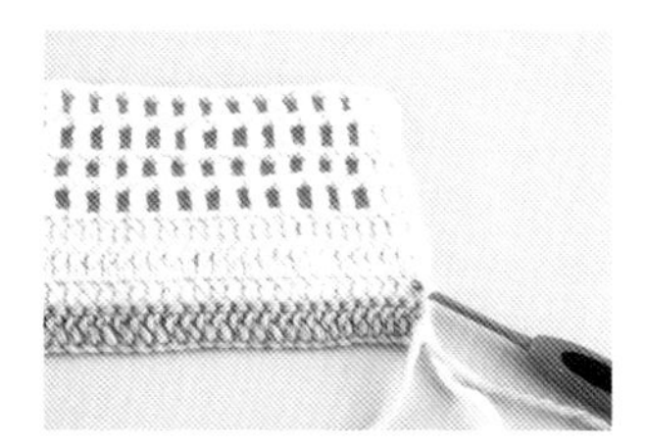

11 从步骤2中在行数环休针的针目处入针，编织袋子的后侧部分。

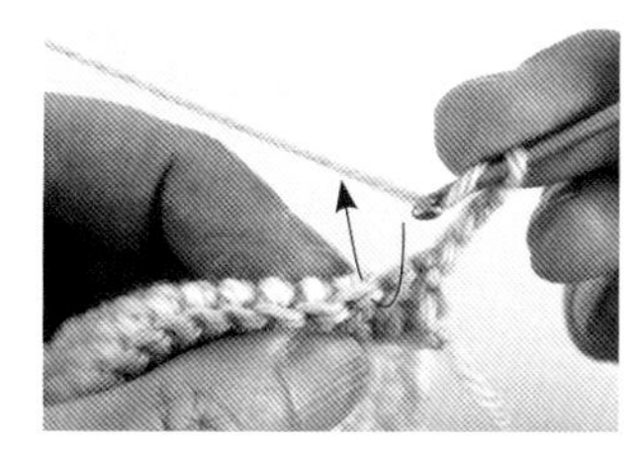

12 同样立织3针锁针，然后在第1行长针头部剩下的半针处（靠近自己这边）挑针。

13 如图所示，在剩下的半针中入针，挑针。

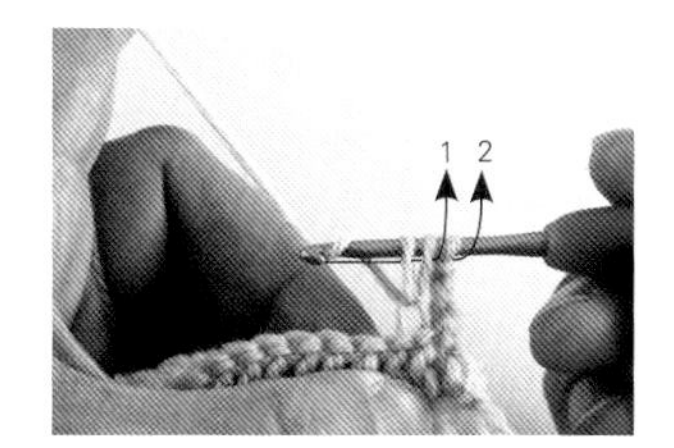

14 开始编织长针。

15 按照相同的编织要领和方法继续编织长针。

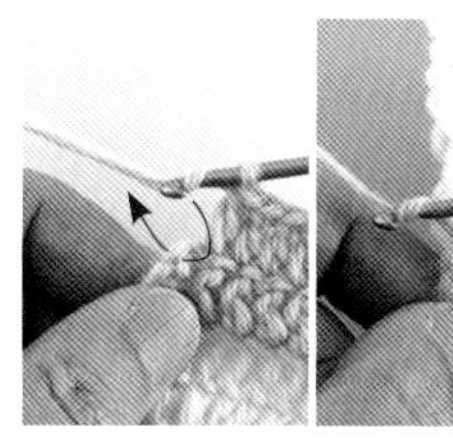

16 在第1行立织的第3针锁针的半针处挑针，边上的针目编织长针。

17 这样就编织完了第1行，然后与步骤*3～10*中编织完成的袋子部分重合。

18 接下来按照图中所示继续编织8行。

*袋子位置（前侧）和后片起一编织（第9行）

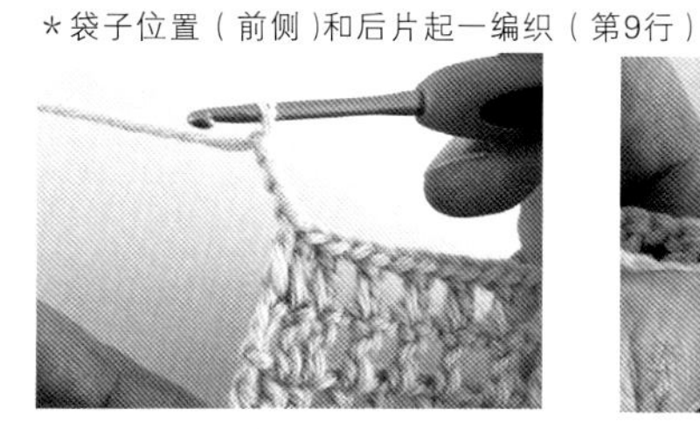

19 立织3针锁针。

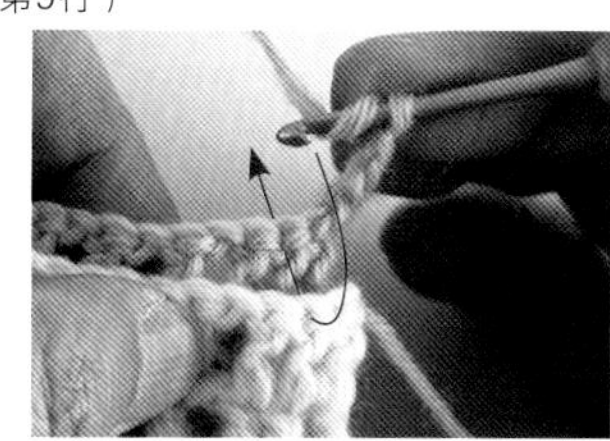

20 翻到正面，袋子部分（前侧）的2片织片一起编织。钩针挂线，从边上第2针长针头部入针，把袋子部分的2片织片一起挑起编织。

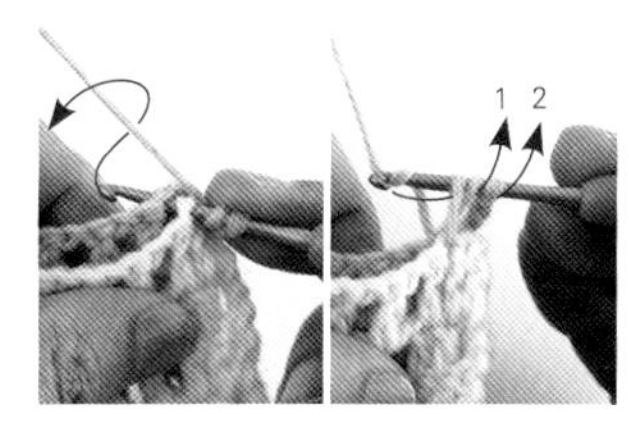

21 钩针挂线后编织长针。

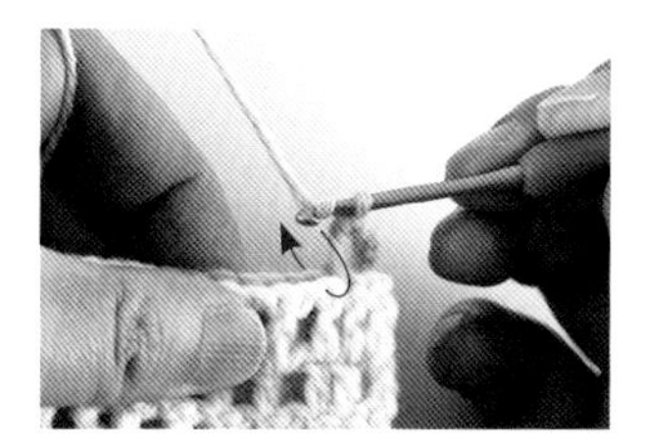

22 编织长针，把2片织片拼接在一起。再一次钩针挂线，把2片织片一起挑起，同时编织1针长针。

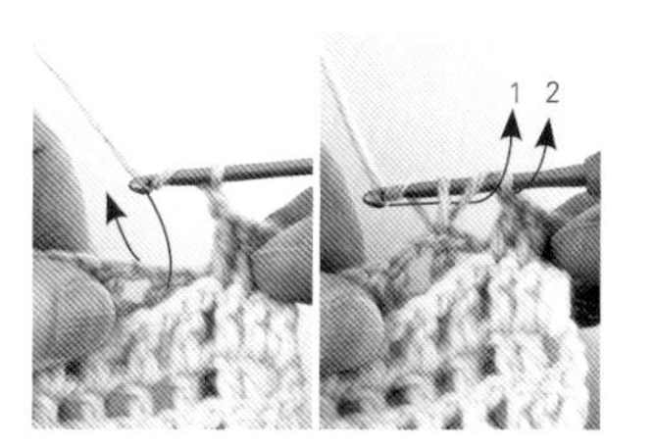

23 接下来编织1针锁针。从下一针长针开始就只挑起1片织片编织。

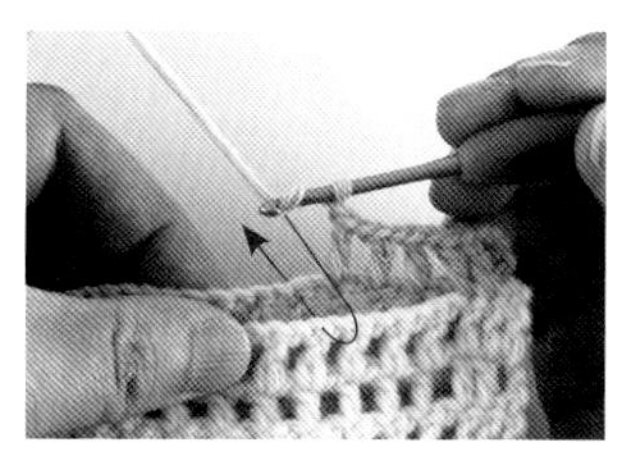

24 继续编织后，在指定位置再次同时把2片织片挑起编织。这样把2片织片固定在一起的话比较容易入针。

25 继续编织。在指定位置同时把2片织片挑起。

26 分别把上一行立织的锁针半针和里山挑起，最边上的针目编织长针。

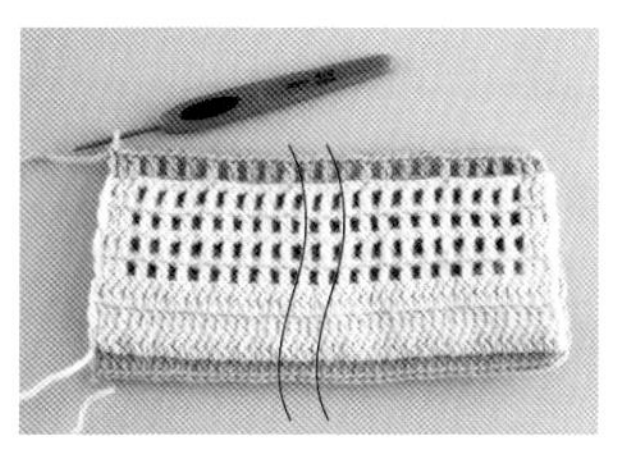

27 这样就完成了袋子部分的编织。接下来只要再编织包身内侧的1片织片即可。（实际是69针）

小花图案莫比乌斯环披肩的编织方法 图片见 p.33　编织图见 p.71

只要编织成圆环状再很自然地旋转一下，就可以编织出像莫比乌斯环的圆形披肩，是不是很神奇？如果想要编织出连续不断的小花朵花样，可以考虑编织中长针的枣形针。为了避免发生中长针编织过程中因为钩针尾部变短导致作品不美观的情况，这里介绍了编织时常用的2个小技巧：在用钩针抽线时可以轻轻地把要拉出的线尽量拉长；在编织过程中，尽量保持钩针尾部的长短一致。如果能够准确地把握编织花样时的节奏，编织过程就会变得非常轻松愉快。

※为了大家在学习时能够一目了然，在解释说明时使用了不同颜色的毛线

● [起针]

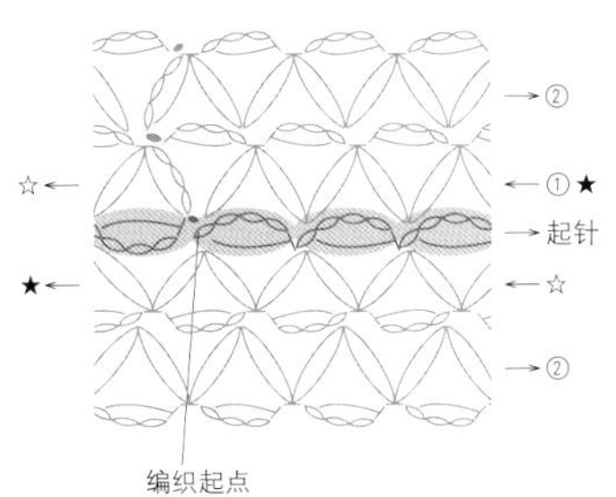

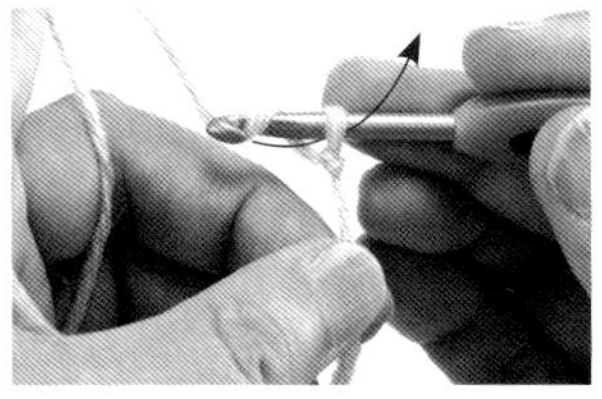

1　编织4针锁针。

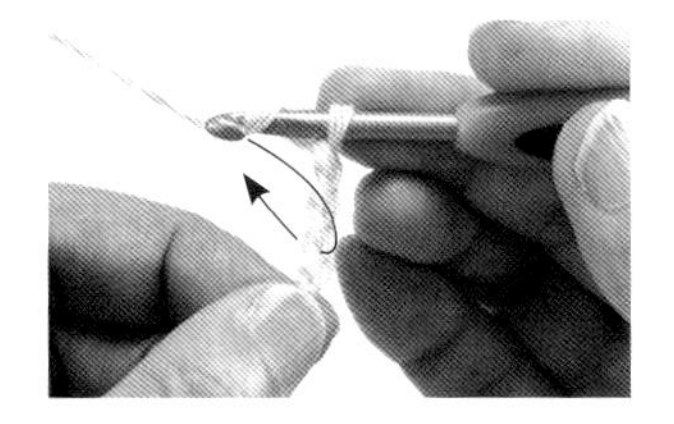

2　钩针挂线，挑起第1针锁针的半针和里山。

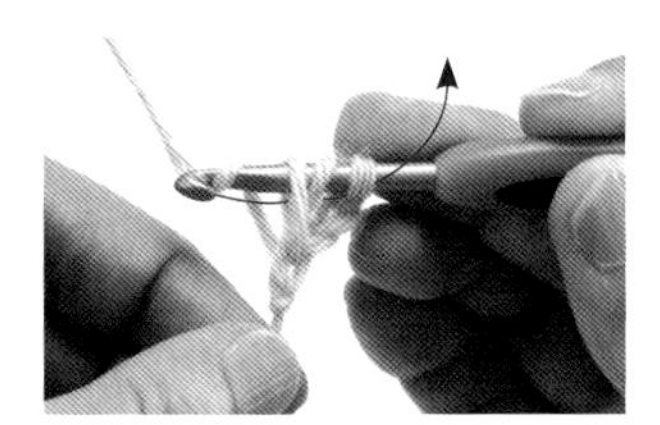

3　拉出线，然后编织中长针。

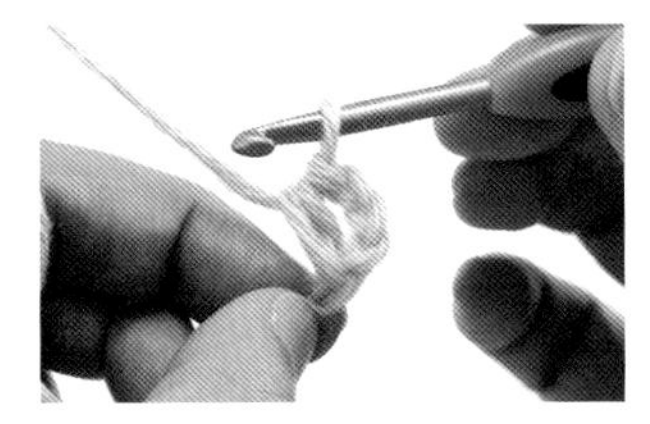

4　开始编织中长针。

5　为了区分正反面，可在反面做上标记。

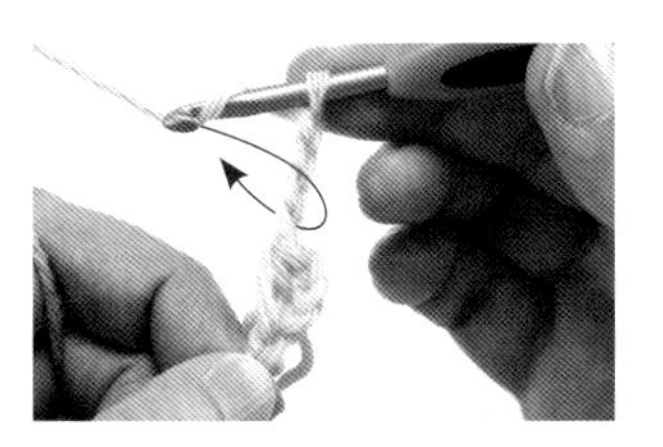

6　继续编织4针锁针，挑起第1针锁针的半针和里山，然后继续编织中长针。

7　编织了2个花样。

8　按照相同的编织方法和要领编织56个花样。（※为了看起来一目了然，这里只编织40个花样）

9　把编织起点向里，然后自然地旋转这个圈。

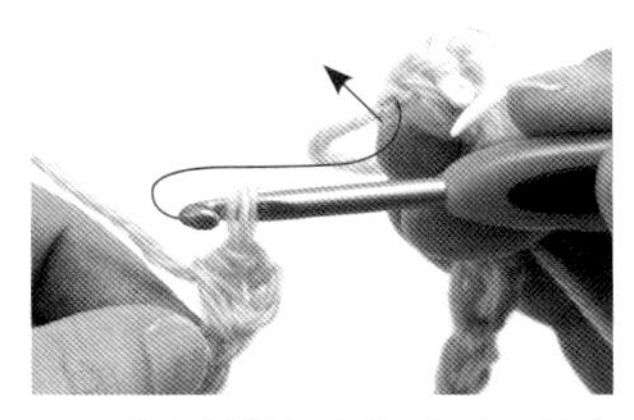

10　从内侧挑起步骤2中剩下的半针。

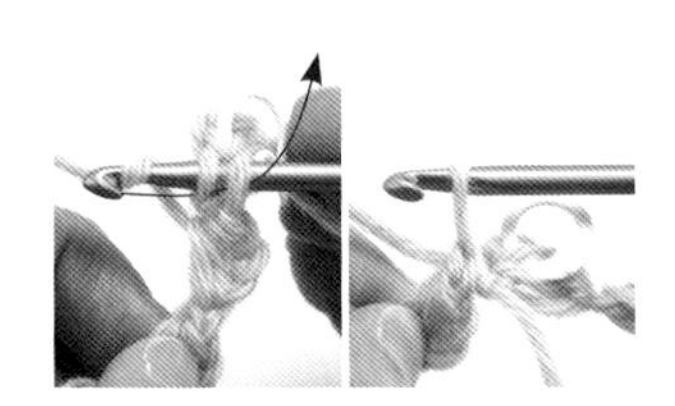

11　钩针挂线引拔出，绕成环形，这样就完成了起针行。

● [第1行] ※为了看起来一目了然，使用了与编织时不同颜色的毛线进行介绍

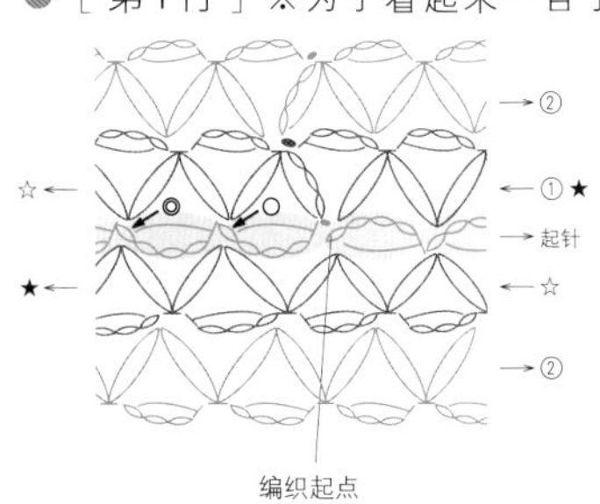

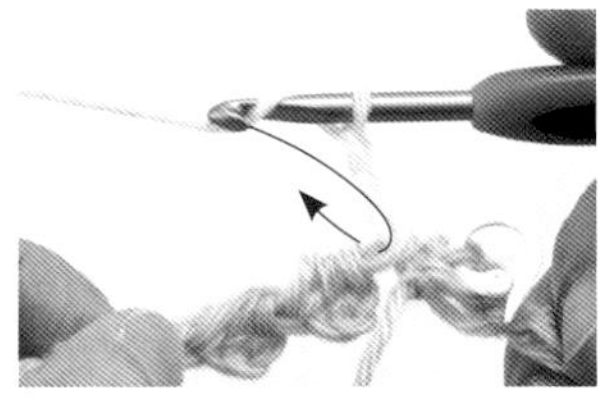

12　立织3针锁针（因为是编织中长针，所以立针不是2针而是3针），然后钩针挂线，在与步骤*10*中的相同位置处挑针。

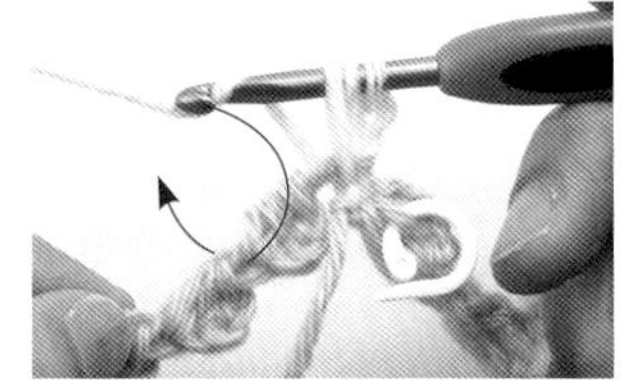

13　钩针挂线后拉出（编织1针未完成的中长针），再次钩针挂线，挑起起针处的中长针的根部（○标记）。

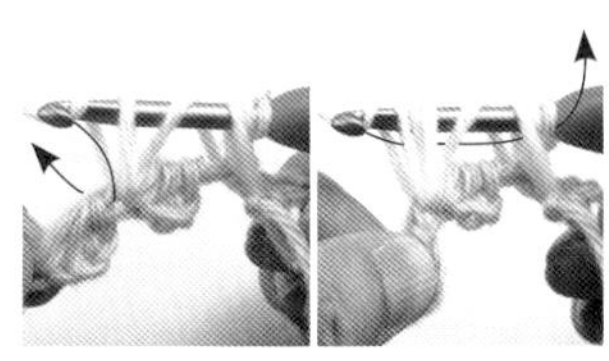

14　钩针挂线后拉出（编织1针未完成的中长针），再次钩针挂线，同样在相同位置编织1针未完成的中长针，然后将钩针上的线圈一次性引拔出。

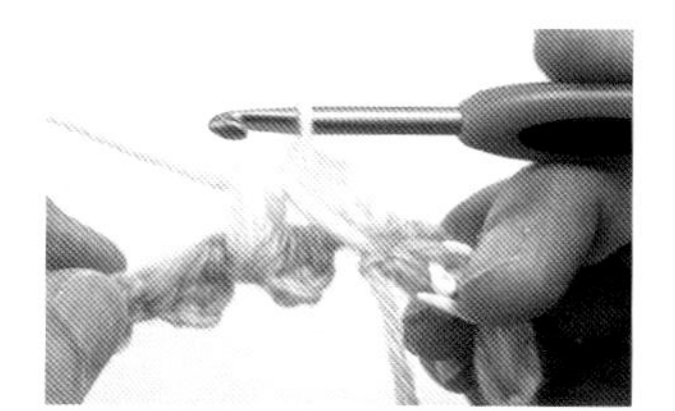

15 引拔后的样子。编织2针中长针的枣形针2针并1针。

16 接下来编织3针锁针，然后把第1针锁针的半针和里山挑起，继续编织中长针。

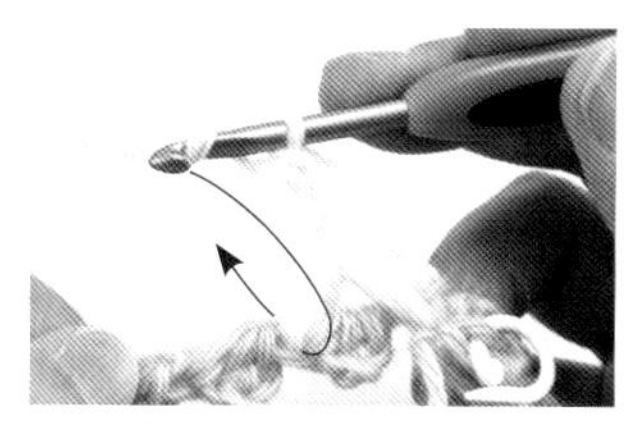

17 钩针挂线，在与步骤*13*中的相同位置处入针。

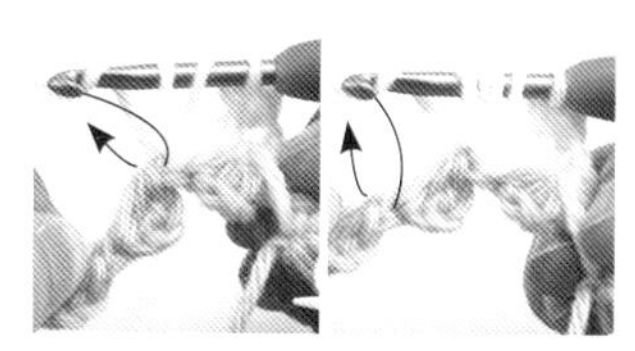

18 编织2针未完成的中长针之后，在上一行的下一个花样开始处（◎标记）入针。

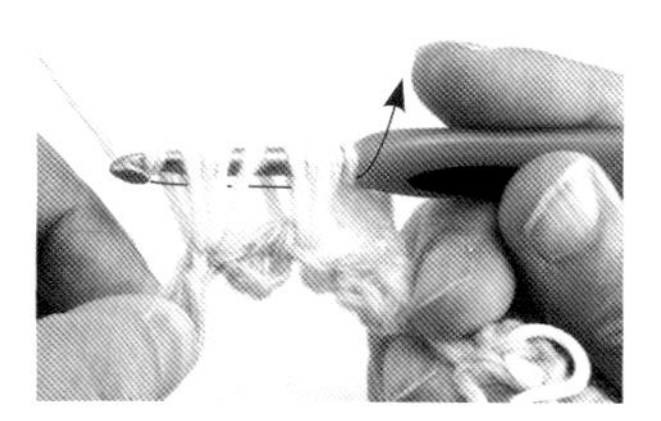

19 编织2针未完成的中长针，然后钩针挂线后把线圈一次性引拔出。

20 引拔之后的形状。再按照2针枣形针并1针的方法进行编织。

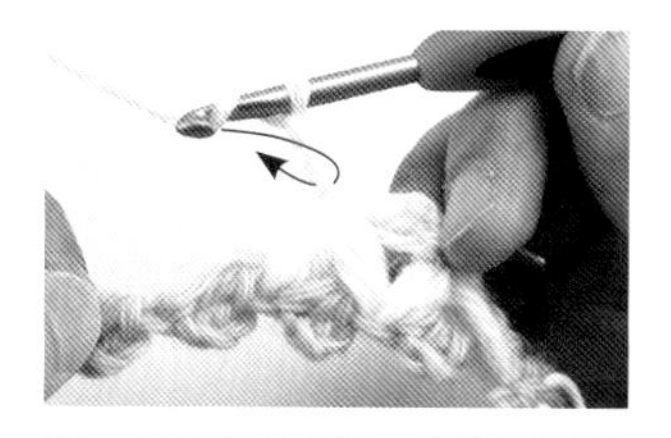

21 与步骤*16*相同，继续编织3针锁针，然后把第1针锁针的半针和里山挑起，继续编织中长针。重复步骤*16*～*20*，做编织花样。

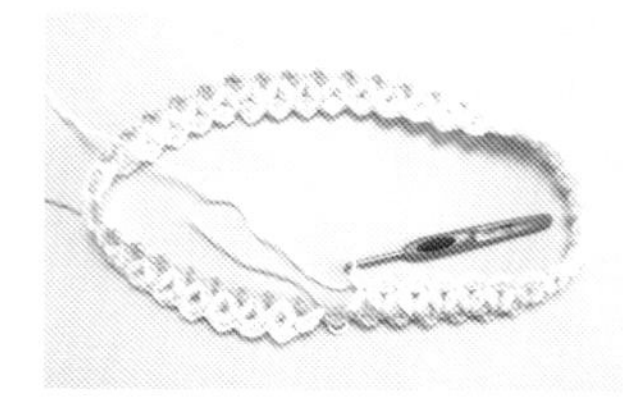

22 花样编织1圈时的样子。因为在开始的时候就把环旋转了，所以虽然是在同一侧编织的花样，也会自然地呈现出扭转的样子。同时，另外一侧也会有花样出现。

23 按照相同的编织方法和要领编织第2圈。

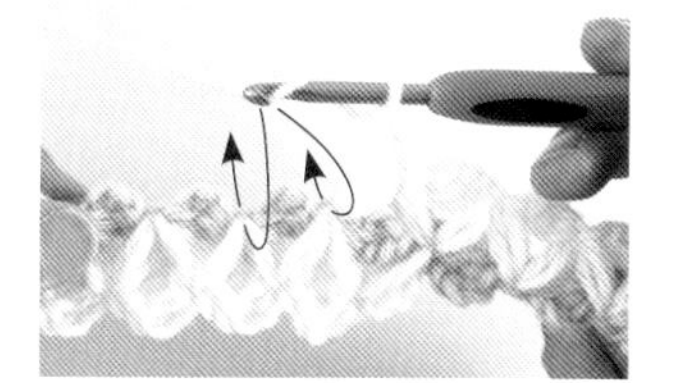

24 从第1圈的外侧挑针，然后开始做编织花样。

25 第2圈的结尾处是从步骤*15*的2针枣形针并1针的头部引拔出。

26 把第1圈的起点和第2圈的终点连接在一起就完成了第1行的编织。

● ［第2行］※为了看起来简单明了，使用的是不同颜色的毛线

27 这样就在起针两侧各完成了1行编织，而且圆环也是呈现很自然的旋转。

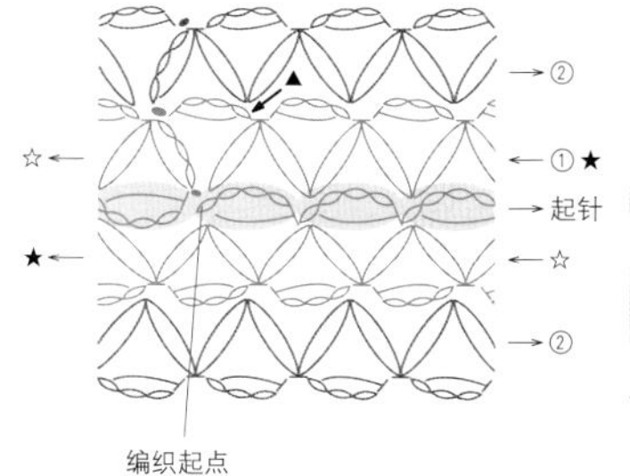

28 把织片翻到反面，立织3针锁针。

29 在与步骤*25*相同的位置挑针，编织未完成的中长针。钩针挂线，挑起前一行的中长针中编入的锁针（▲标记），编织2针未完成的中长针，最后把绕在钩针上的线圈一次性引拔出。

30 按照与第1行相同的编织要领继续编织花样。

31 编织好1圈时的样子。然后在第1圈的另一侧开始编织第2圈。

32 第2圈的编织终点是把步骤*29*的2针中长针的枣形针的2针并1针的头部引拔出。

33 这样就编织好了第2行。按照这样的方法继续编织下去即可。2圈是1行，每编织完1行要改变编织的方向，然后继续编织。

Yarn Sample 实物粗细见p.41线材介绍

线材样本

线材介绍

和麻纳卡

1 ●Exceed Wool FL 粗
羊毛100%（使用的是Extra Fine Merino）
40g/卷（约120m）/粗线/钩针4/0号

2 ●Hamanaka纯毛中细线
羊毛100%
40g/卷（约160m）/中细线/钩针3/0号

3 ●Bosk
羊毛100%
50g/卷（约45m）/超粗线/大型钩针8mm

4 ●Fairlady50
羊毛70%（使用的是有防缩水加工的羊毛）、腈纶30%
40g/卷（约100m）/中粗线/钩针5/0号

5 ●Flax C
麻（亚麻）82%、棉18%
25g/卷（约104m）/中细线/钩针3/0号

6 ●Alpaca Mohair Fine
马海毛35%、腈纶35%、羊驼毛20%、羊毛10%
25g/卷（约110m）/中粗线/钩针4/0号

芭贝

7 ●Shetland
羊毛100%（使用的是100%英国羊毛）
40g/卷（90m）/中粗线/钩针5/0~7/0号

8 ●芭贝 NEW 2PLY
羊毛100%（防缩水加工）
25g/卷（215m）/极细线/钩针0~2/0号

9 ●芭贝 NEW 4PLY
羊毛100%（防缩水加工）
40g/卷（150m）/中细线/钩针2/0~4/0号

10 ●British Eroika
羊毛100%（50%以上使用的是英国羊毛）
50g/卷（83m）/极粗线/钩针8/0~10/0号

11 ●Mohair Multi
马海毛60%、腈纶40%
50g/卷（160m）/粗线/钩针 7/0~8/0号

RICH MORE

12 ●Percent
羊毛100%
40g/卷（约120m）/粗线/钩针 5/0~6/0号

13 ●Bacara Epoch
羊驼毛33%、羊毛33%、马海毛24%、锦纶10%
40g/卷（约80m）/极粗线/钩针 7/0~8/0号

14 ●Bacara Pur Fine
羊毛40%、羊驼毛33%、马海毛16%、锦纶11%
30g/卷（约140m）/中细线/钩针 4/0~5/0号

达摩手编线（横田）

15 ●接近原羊毛线的美利奴羊毛线
羊毛（美利奴羊毛）100%
30g/卷（91m）/中粗线/钩针 7/0~7.5/0号

16 ●Cotton&亚麻Large
棉70%、亚麻15%、苎麻15%
50g/卷（201m）/中细线/钩针 3/0~4/0号

17 ●Merino Style粗线
羊毛（美利奴羊毛）100%
40g/卷（137m）/粗线/钩针 4/0~5/0号

HOBBYRA HOBBYRE

18 ●Wool Suite
羊毛100%（美利奴羊毛）
25g/卷（70m）/粗线/钩针 5/0~6/0号

19 ●Robinngu Ruru
羊毛90%、马海毛10%
40g/卷（140m）/粗线/钩针 4/0~6/0号

奥林巴斯

20 ●Emmy Grande<colors>、<herbs>
棉100%
<colors>10g/卷（约44m）、<herbs>20g/卷（约88m）/粗线/钩针0~2/0号

※截至2014年10月
※大致标出毛线的粗细类型
※本书中介绍的使用线有停产或者型号变更的可能

作品的编织方法

‖p.6‖ 圆形花片的围脖 花片1

＊**使用材料**

和麻纳卡 Alpaca Mohair Fine 砖红色（15）50g、淡茶色（3）20g、茶色（18）18g、米白色（2）15g

＊**钩针型号**

钩针 6/0 号

＊**成品尺寸**

宽 20cm、长 132cm

＊**编织密度**

花片直径 5.5cm

＊**编织要点**

- 花片的编织方法是先钩织 6 针锁针连成环，然后进行配色编织，编织到第 3 行。花片 a、b、c、d 各编织 24 片。
- 从第 4 行开始，在编织的同时把花片连接在一起。从第 1 片开始到第 24 片，把花片连接成 1 列，最后连成环。第 25 片到第 48 片作为第 2 列，与第 1 列连接在一起。第 3、4 列也按照相同的方法编织、连接。
- 在连接花片的两端各编织 1 行边缘编织。

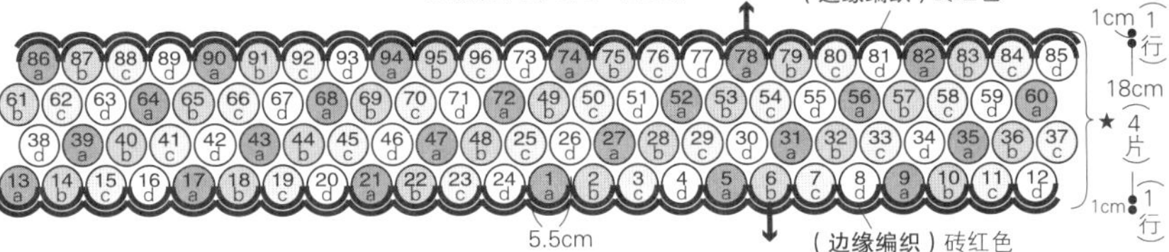

※数字代表的是花片连接的顺序

花片配色表

行数	花片a	花片b	花片c	花片d
第4行	砖红色			
第3行	茶色	淡茶色	砖红色	米白色
第2行	淡茶色	砖红色	米白色	砖红色
第1行	砖红色	茶色	茶色	淡茶色
	24片	24片	24片	24片

▷ = 加线

▶ = 剪线

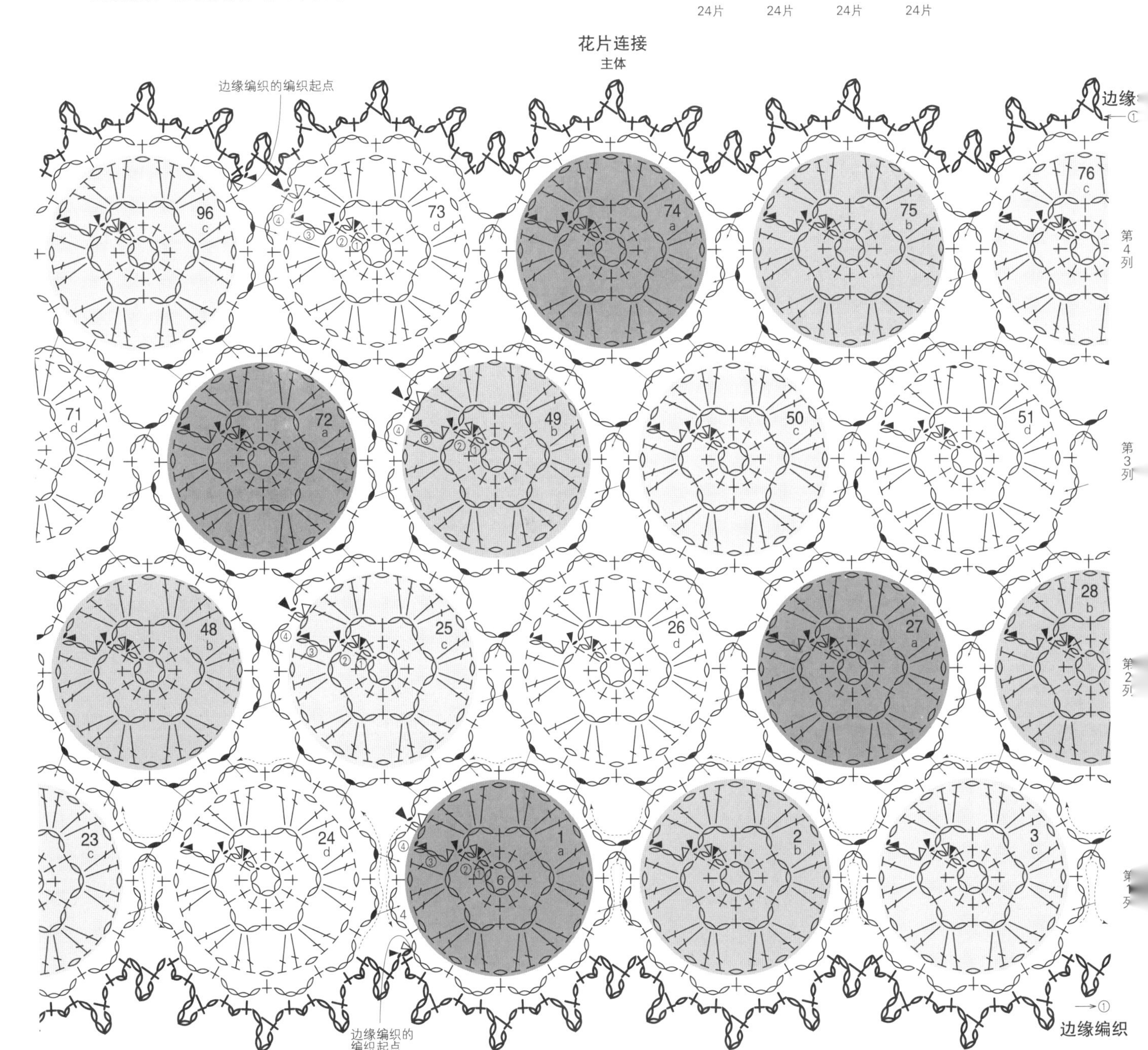

圆形花片的围脖 花片 1

＊使用材料

达摩手编线 接近原羊毛线的美利奴羊毛线 米白色（2）130g

＊钩针型号

钩针 7.5/0 号

＊成品尺寸

宽 23cm、长 130cm

＊编织密度

花片直径 6.5cm

＊编织要点

・花片的编织方法是先钩织 6 针锁针连成环，编织到第 4 行。

・从第 2 片开始，编织到第 4 行后就与前面的花片连接起来，一共编织 80 片。

主体（花片连接）

80片

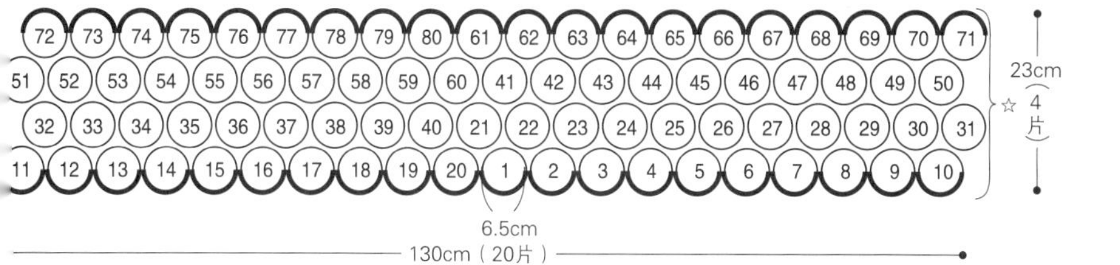

※数字代表的是花片的编织顺序

► = 剪线

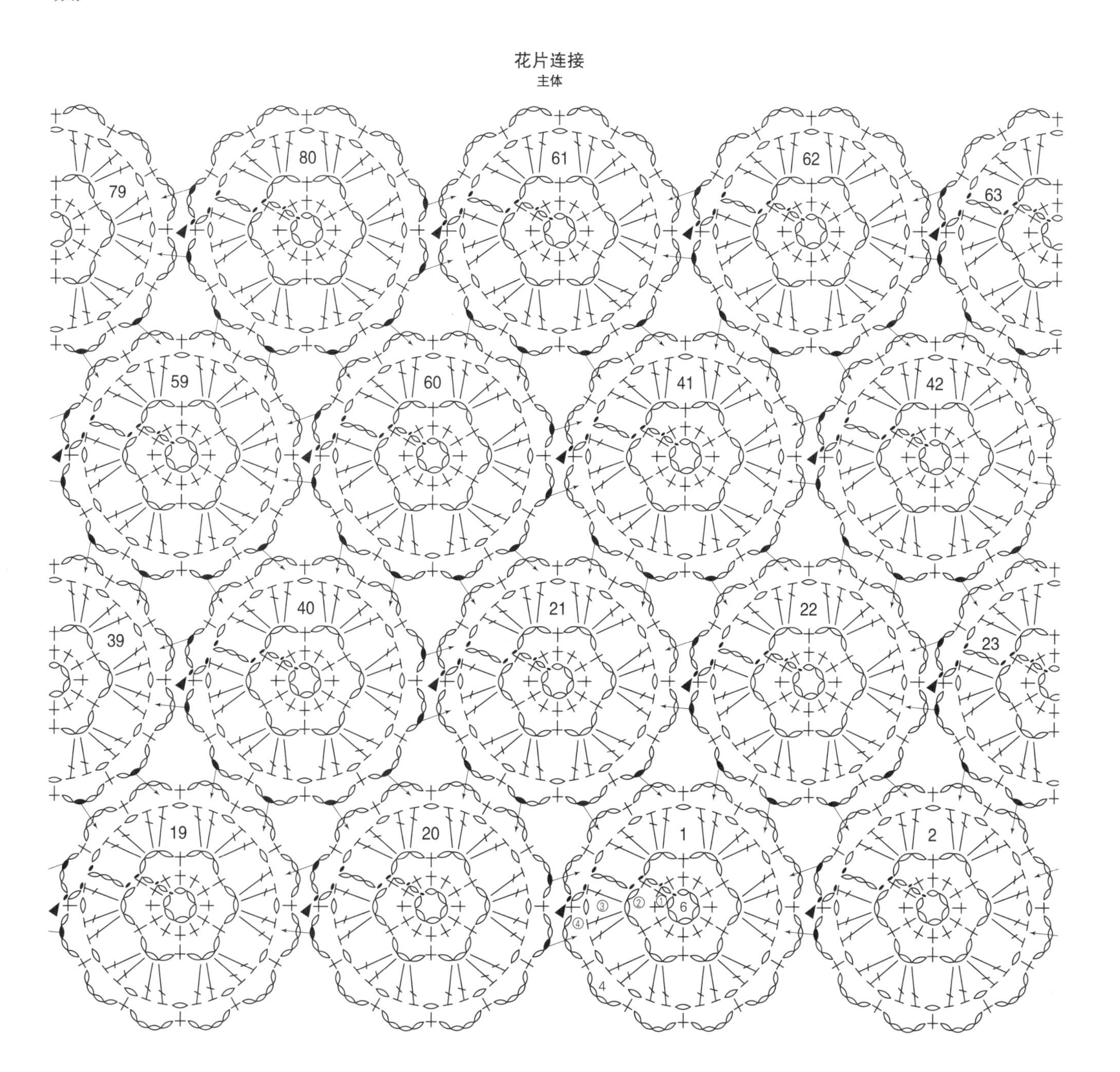

‖ p. 8 ‖

雏菊花片披肩 花片 2 和 图案 1

＊**使用材料**

和麻纳卡 Alpaca Mohair Fine 灰色（4）150g、原白色（1）20g、淡黄色（21）15g、蓝色（7）10g；直径 1.2cm 的纽扣 8 颗，宽 0.4cm、长 80cm 的原白色丝带 2 根

＊**钩针型号**

钩针 5/0 号

＊**成品尺寸**

宽 39cm、长 131cm

＊**编织密度**

10cm×10cm 面积内：编织花样 37.5 针、12.5 行

＊**编织要点**

- 主体 1 的编织方法是钩织 147 针锁针起针之后，再编织 57 行编织花样。
- 花片连接部分的编织方法是编织 3 行花片 A，然后在配色的同时继续编织，一共要完成 24 片。从第 4 行开始把花片连接在一起。从第 1 片到第 6 片横向织成 1 列，然后再与主体 1 部分钩织在一起。第 7 片到第 12 片作为第 2 列，与第 1 列编织在一起。花片 B 在编织的同时要与花片 A 和编织花样部分连接在一起。连接花片的同时挑针编织 1 行边缘编织和 11 行编织花样。
- 主体 2 的编织方法是从起针的另一侧挑针，然后编织 56 行编织花样。花片连接、边缘编织和编织花样按照相同的方法编织即可。
- 缝上纽扣，把丝带穿在指定位置。

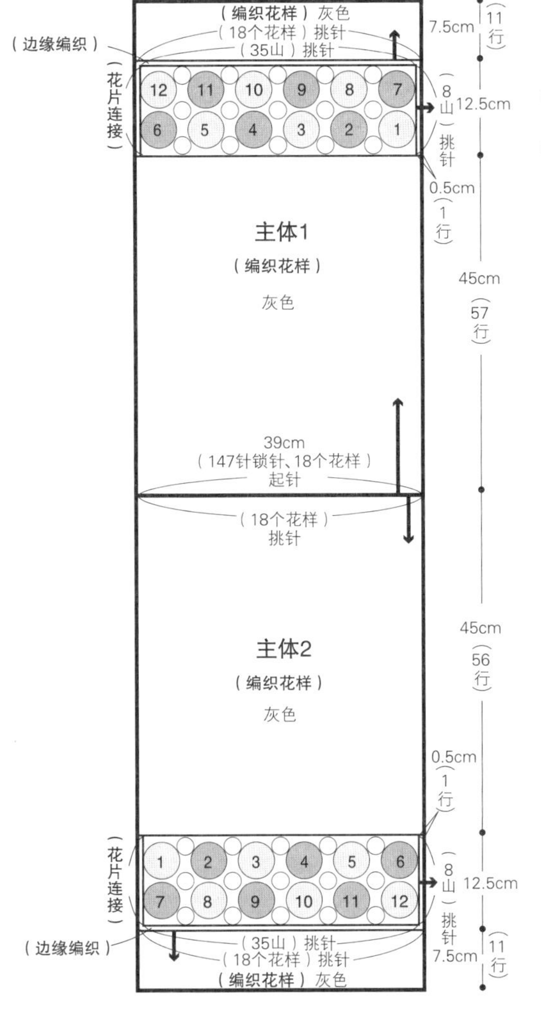

＝花片A（a配色）…12片

＝花片A（b配色）…12片

＝花片B…30片

花片连接的方法

①花片A的配色a、配色b都编织到第3行。编织出作品需要的片数。

②如图所示，编织第4行时要把图中的花片1~6连接在一起，还要与编织花样连接在一起。接下来花片7~12的第2行要在编织的时候与第1行连接到一起。

③编织花片B的同时要与花片A和编织花样连接到一起。

※从主体1开始编织。主体2是从起针的另一侧挑针后开始编织

※数字代表的是花片连接的顺序

花片A的配色表

行数	a配色	b配色
第4行	灰色	
第3行	原白色	
第2行	淡黄色	灰色
第1行	蓝色	淡黄色
	12片	12片

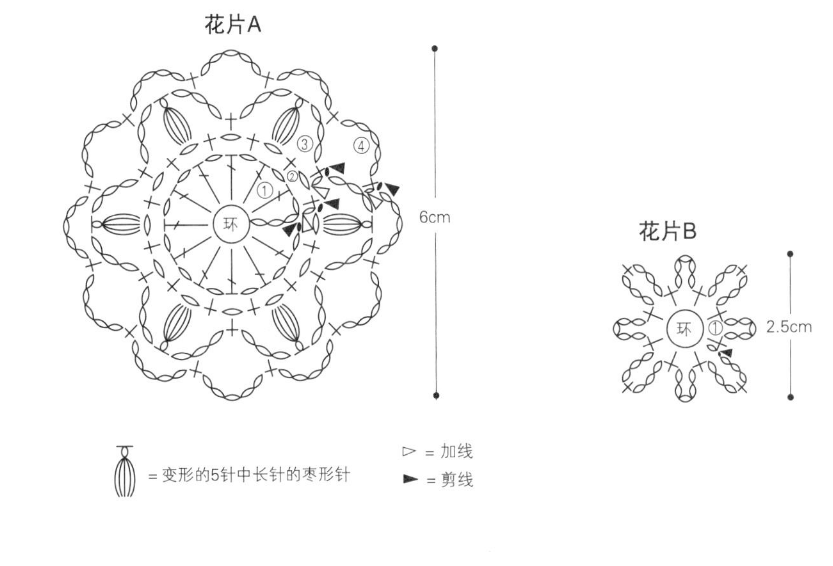

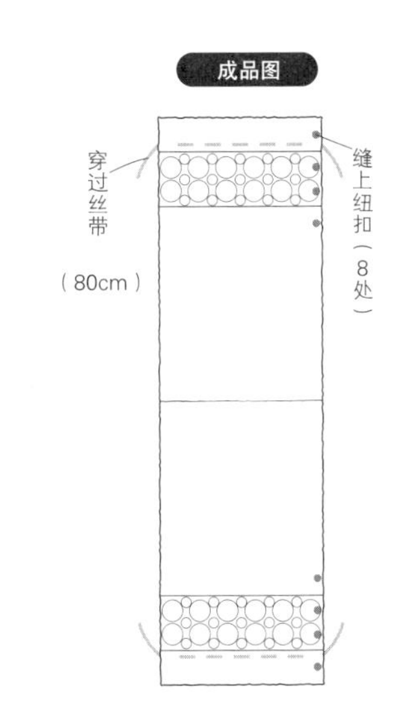

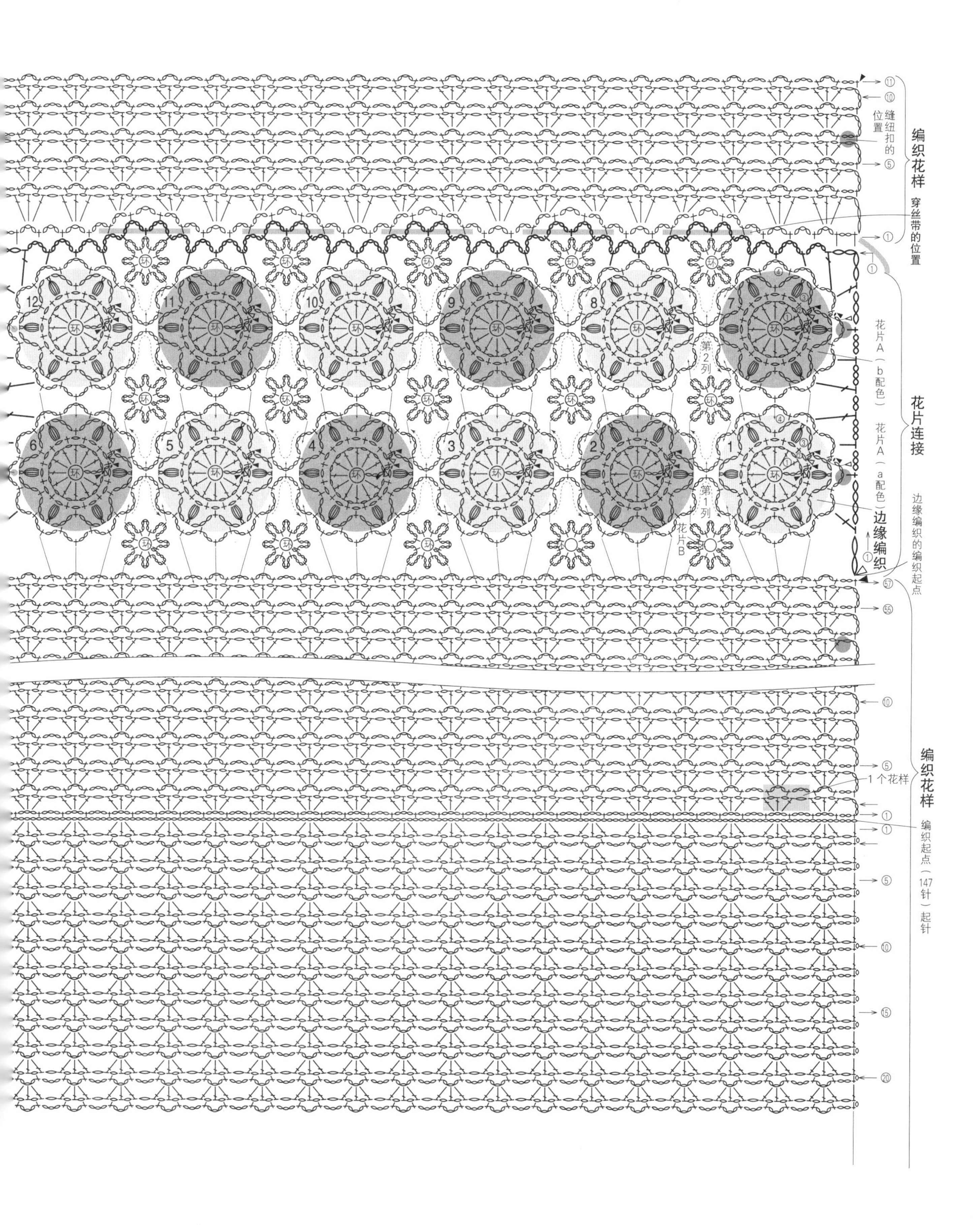

⑪
⑩
缝纽扣的位置
⑤
编织花样
穿丝带的位置
①
①
花片A（b配色）
花片连接
花片A（a配色）
第2列
第1列
花片B
边缘编织
边缘编织的编织起点
57
55
⑩
⑤
1个花样
①
编织花样
①
编织起点（147针）起针
⑤
⑩
⑮
⑳

‖ p. 11 ‖

立体花朵手袋 花片 4

＊使用材料

RICH MORE Percent 深红色（64）110g，红色（75）30g，黄色（6）25g，白色（1）、紫色（66）各20g，浅蓝色（39）15g，粉红色（72）10g；直径13cm 的木质圆形提手 1 组

＊钩针型号

钩针 5/0 号

＊成品尺寸

宽 38cm、深 29.5cm（不包含提手）

＊编织密度

花片的大小 7cm×7cm

＊编织要点

- 主体花片 a、b、c、d、e 分别编织必要的片数，用来制作包身主体。花片从线头环形起针开始编织，参照图中所示编织 5 行配色花样。参考示意图，把花片摆放好，全部连接在一起。主体的三条边编织 1 行短针。
- 把主体的正面对齐，编织 2 行边缘编织。这时，有把 2 片重叠在一起和把 2 片分开编织的不同情况，需要多加注意。
- 在包身的上侧，编织 8 行编织花样完成提手穿入口。然后把提手放在中间，向内侧做卷针缝缝合。

花片

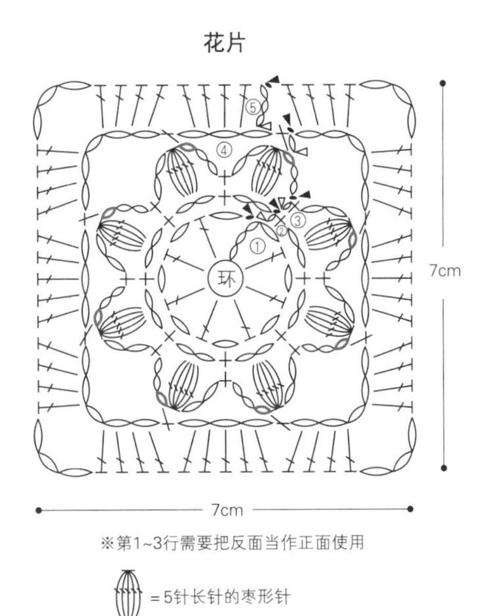

▷ = 加线

▶ = 剪线

花片的配色表

行数	花片a	花片b	花片c	花片d	花片e
第5行	深红色	深红色	深红色	深红色	深红色
第3行	紫色	红色	黄色	白色	浅蓝色
第2、4行	粉红色	黄色	红色	黄色	白色
第1行	浅蓝色	粉红色	紫色	紫色	红色
	8片	8片	8片	8片	8片

主体（花片连接） 2片

花片a、b、c、d、e…各8片

把花片第5行针目头部的外侧半针做卷针缝缝合（深红色）

（短针）深红色

d	c	b	a	e
a	e	d	c	b
c	b	a	e	d
e	d	c	b	a

（67针）挑针　（67针）挑针　28cm（4片）　0.5cm（1行）

从转角处（1针）挑针　（82针）挑针　从转角处（1针）挑针

0.5cm（1行）　35cm（5片）　0.5cm（1行）

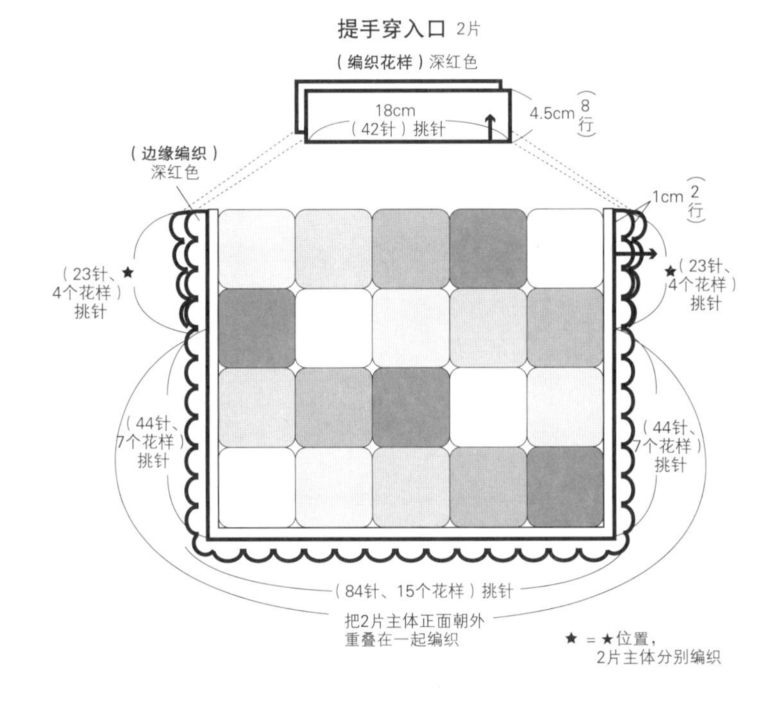

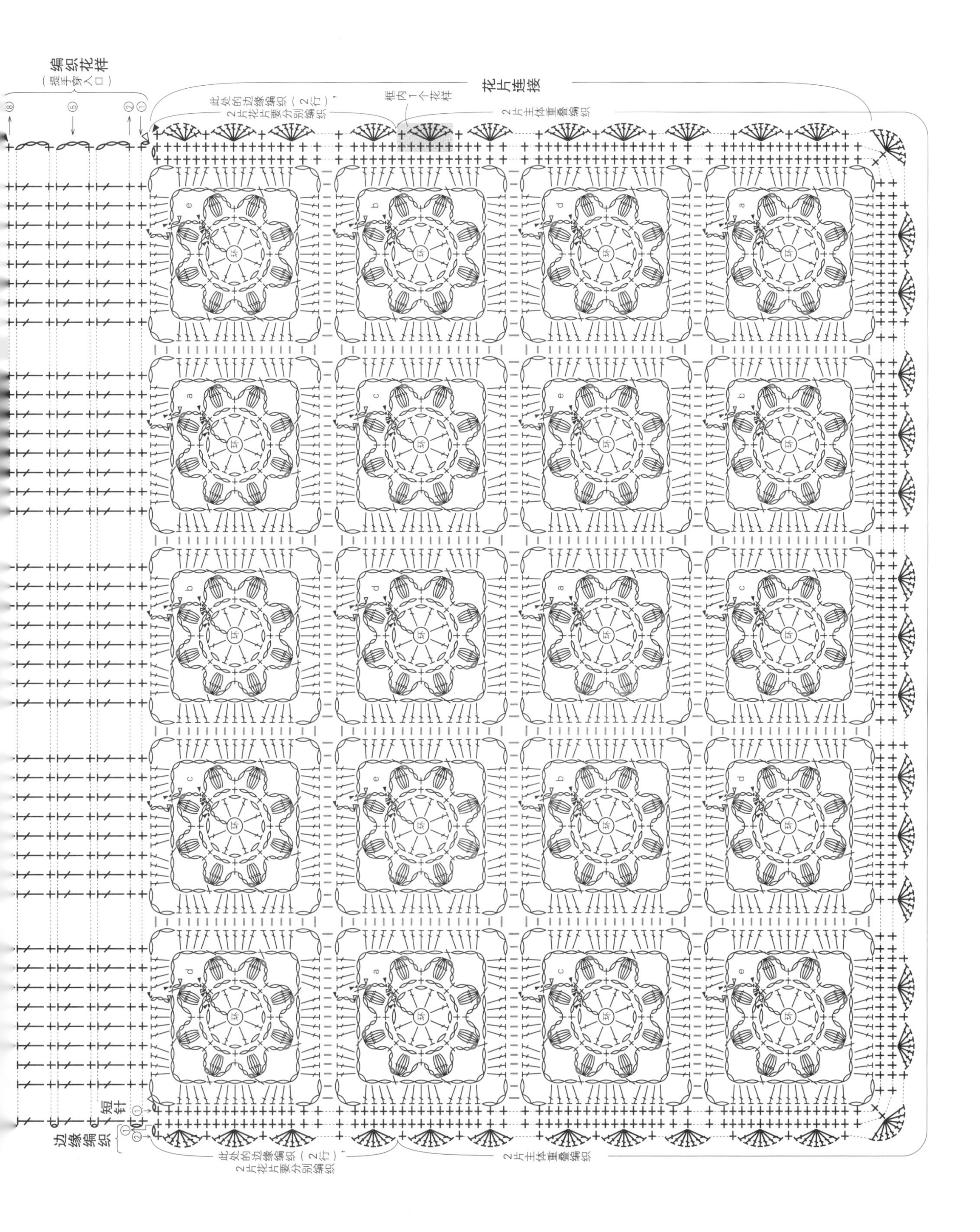
编织花样
（提手穿入口）
花片连接
此处的边缘编织（2行）
2片花片要分别编织
框内1个花样
2片主体重叠编织
边缘编织
短针
环
a
b
c
d
e
①
②
⑤
⑧

‖ p. 10 ‖ **双色线花片披肩** 花片 3

* **使用材料**

芭贝 NEW 2PLY 红色（221）、橘色（258）各 95g

* **钩针型号**

钩针 6/0 号

* **成品尺寸**

宽 36cm、长 134cm

* **编织密度**

花片直径 6cm

* **编织要点**

- 把所有红色线和橘色线直接并在一起，用 2 股线编织。
- 花片的编织方法：编织 8 针锁针连成环，参照示意图编织 3 行。从第 2 片开始在第 3 行的位置与上一片花片编织到一起，一共需要编织 137 片。

► = 剪线

主体 （花片连接）137片

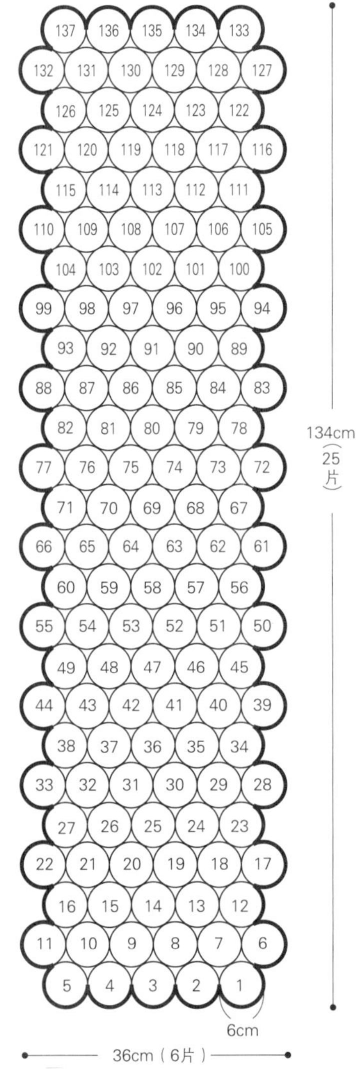

※数字代表花片的编织顺序

花片的连接方法（第3行）

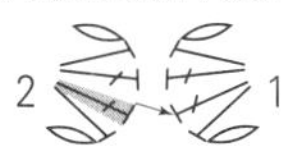

①编织1针长针（ ）后抽出钩针。
②在上一花片指定针目的头部入针，把错开的针目拉出。
③继续编织下面的长针。
（参照p.36）

花片连接

主体

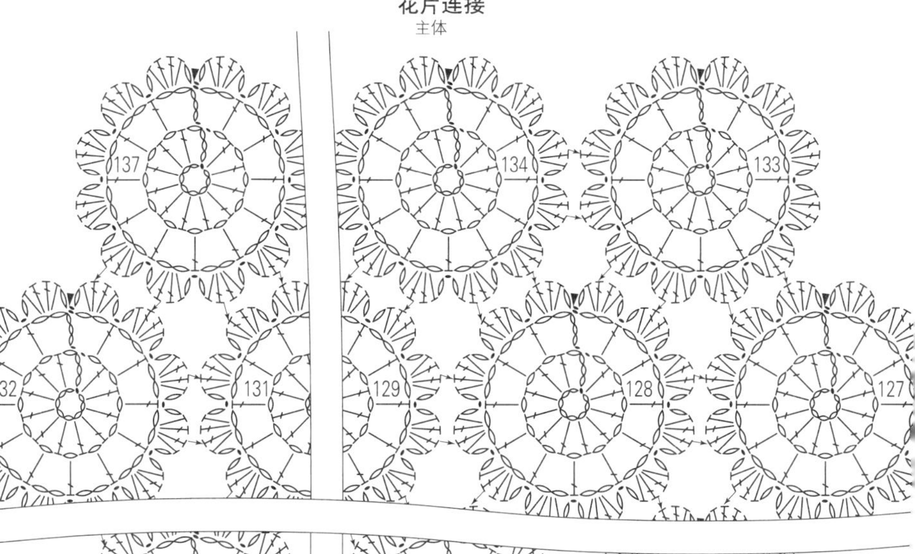

‖ p. 12 ‖ 雏菊花片梯形披肩 花片 5

＊使用材料

HOBBYRA HOBBYRE Robinngu Ruru 粉色系七彩段染（01）80g；Wool Suite 米色（22）40g

＊钩针型号

钩针 6/0 号

＊成品尺寸

宽 85.5cm、长 33cm

＊编织密度

花片直径 4.7cm

＊编织要点

・花片编织方法：线头环形起针，先编织第 1 行，一共编织 126 片。

・第 2 行在编织的同时要把花片连接在一起。第 1~18 片呈横向排列编织在一起，第 2~9 列也按照相同方法与上一列编织到一起。

・花片连接的周围编织 1 行边缘编织。

・主体的两端（★）按照图示方法编织细绳。

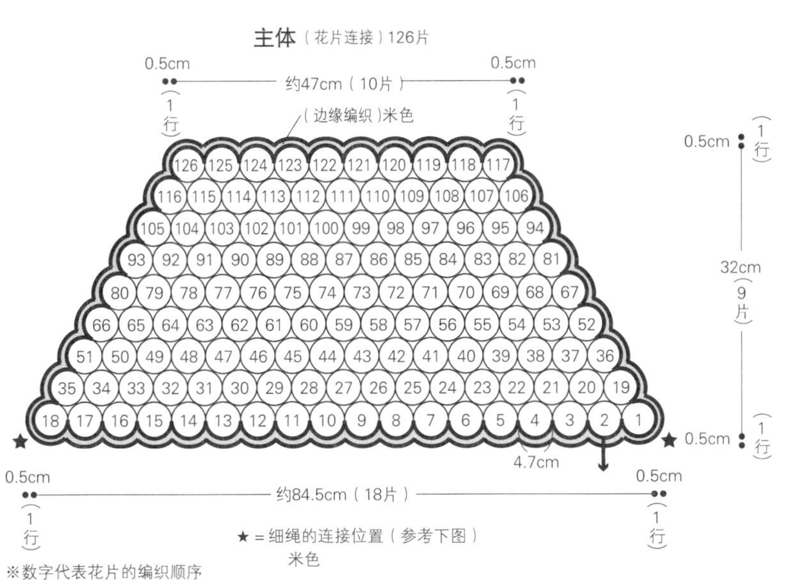

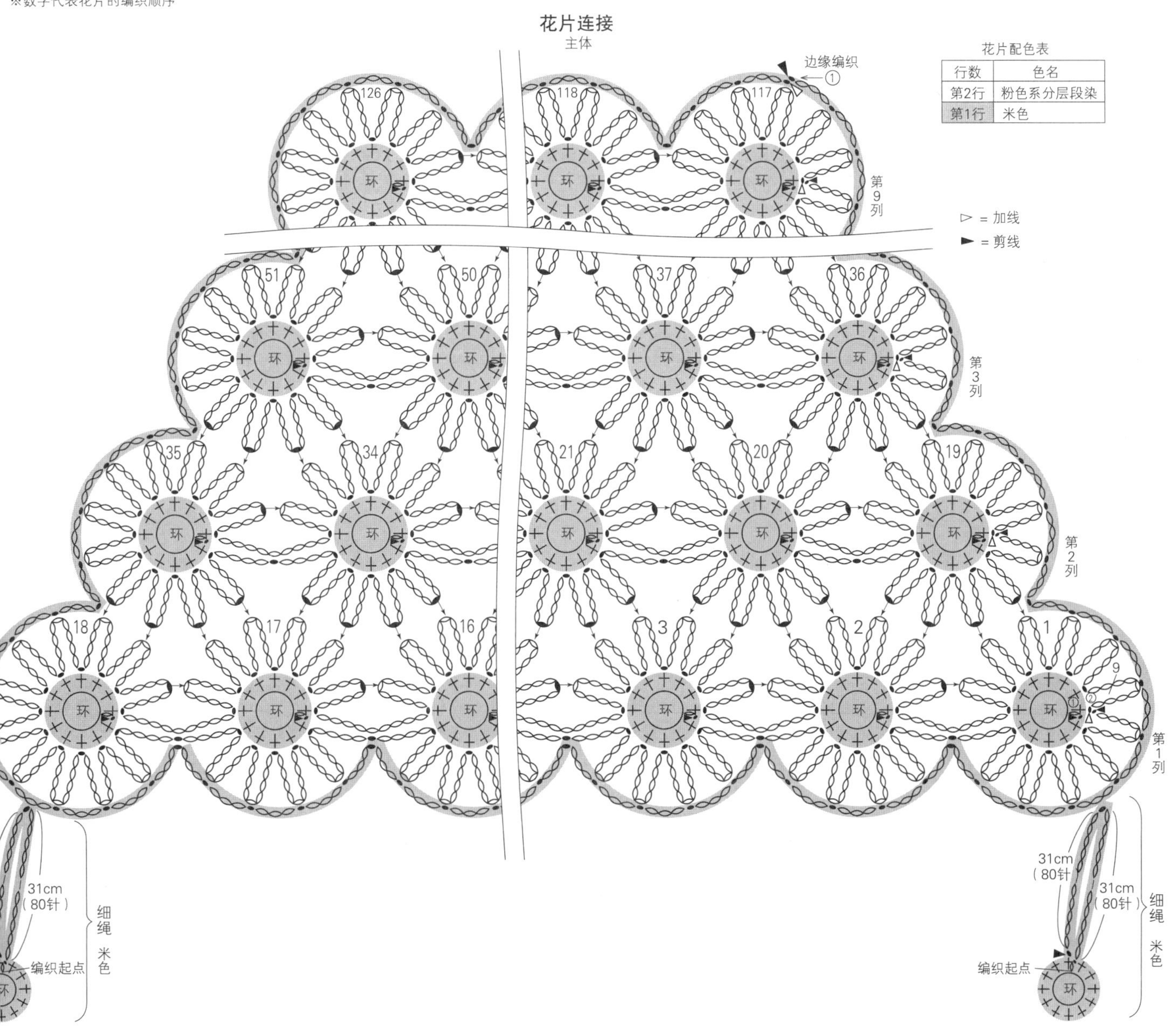

花片配色表

行数	色名
第2行	粉色系分层段染
第1行	米色

‖ p. 13 ‖ 雪花花片围巾 花片6、7

＊使用材料

和麻纳卡 Exceed Wool FL 粗 原白色（201）15g；Alpaca Mohair Fine 原白色（1）15g；市面上出售的围巾（宽 50cm × 长 165cm）1 条

＊钩针型号

钩针 5/0 号

＊编织密度

花片 a 的大小为 9.5cm，花片 b 的大小为 5.5cm

＊编织要点

- 花片 a 的编织方法：线头环形起针，参考图示编织 4 行。
- 花片 b 的编织方法：线头环形起针，参考图示编织 1 行。
- 把花片 a 和花片 b 均匀缝合在买回来的围巾上。

花片a

Exceed Wool FL 5片

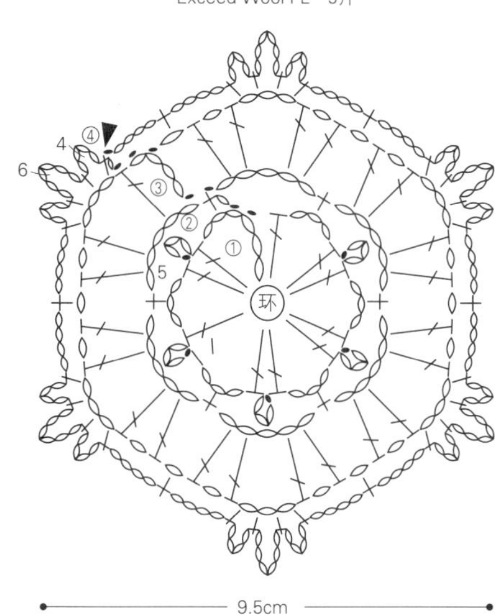

9.5cm

► = 剪线

花片b

Alpaca Mohair Fine 10片

5.5cm

= 在枣形针头部前面的1根线和2针长针根部的各1根线共3根线中挑针编织

※把反面当作正面使用

成品图

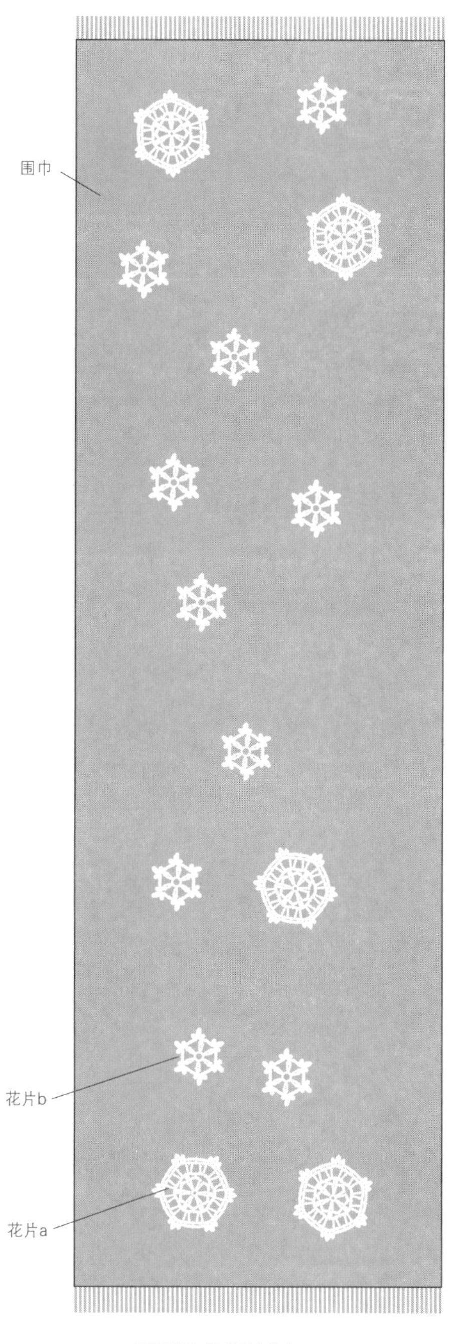

※把花片a和花片b均匀缝合在买回来的围巾上

‖ p. 15 ‖

饱满可爱的花朵 发圈、胸针 花片 10

[发圈]

＊使用材料

HOBBYRA HOBBYRE Wool Suite原白色（21）3g，浅蓝色（06）2g，橘黄色（12）、浅黄色（11）各1g；圆形橡皮筋1个

＊钩针型号

钩针 6/0 号

＊成品尺寸

参考图示

＊编织要点

・花瓣线头环形起针编织 2 行。

・花蕊线头环形起针编织 1 行，如图所示收针。

・参照成品图，将花朵和橡皮筋编织在一起。

[胸针]

＊使用材料

HOBBYRA HOBBYRE Wool Suite 原白色（21）7g、浅蓝色（06）4g、橘黄色（12）3g、浅黄色（11）2g；长 3cm 的胸针 1 个

＊钩针型号

钩针 6/0 号

＊成品尺寸

参考图示

＊编织要点

・花瓣线头环形起针，编织 2 行。

・花蕊和茎线头环形起针，参照图示编织 1 行，然后继续编织茎部。从第 1 行针目的头部穿线之后打结，中间用线头填满。

・底座线头环形起针，编织 4 行。

・参照成品图，把花朵、花蕊和茎部组合到一起，茎部扎好。将缝有别针的底座放在上面，全部缝到一起。

花瓣

发圈 { 原白色…2片（a）/ 浅蓝色…1片（b）

胸针 { 原白色…5片（a）/ 浅蓝色…3片（b）

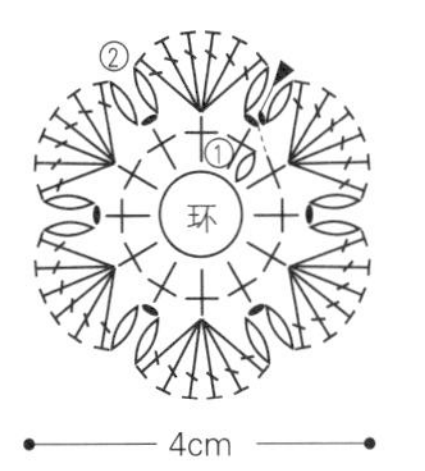

花蕊、茎

发圈（不含茎）{ 橘黄色…2片（a）/ 浅黄色…1片（b）

胸针（含茎）{ 橘黄色…5片（a）/ 浅黄色…3片（b）

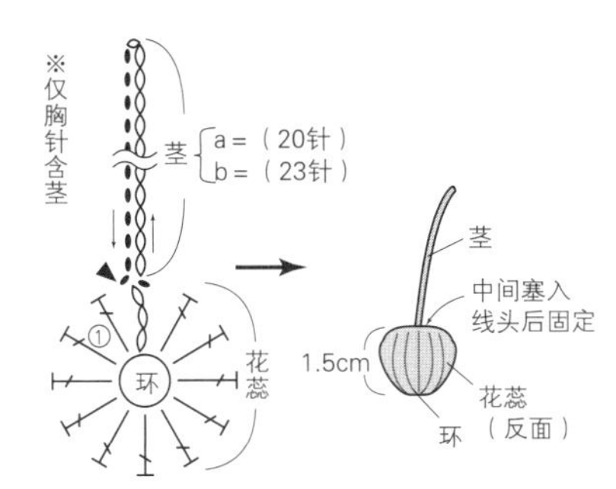

※花蕊的编织方法：把编织起点的线头从中心位置翻转至正面，穿过长针头部外侧的1根线后收紧。然后，再把多余的线放入中间

► ＝剪线

胸针的底座

原白色 1片

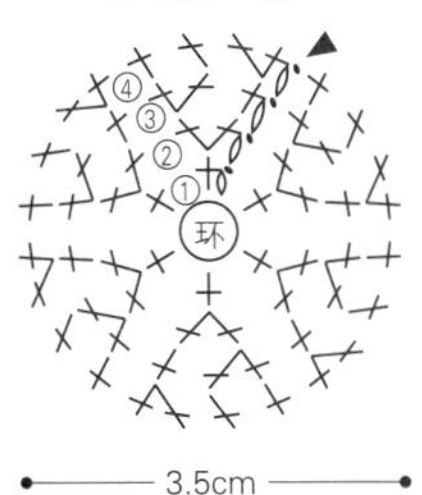

成品图

花瓣、花蕊和茎的组合

	a	b
花蕊、茎	橘黄色	浅黄色
花瓣	原白色	浅蓝色

发圈

花瓣和花蕊的组合方法

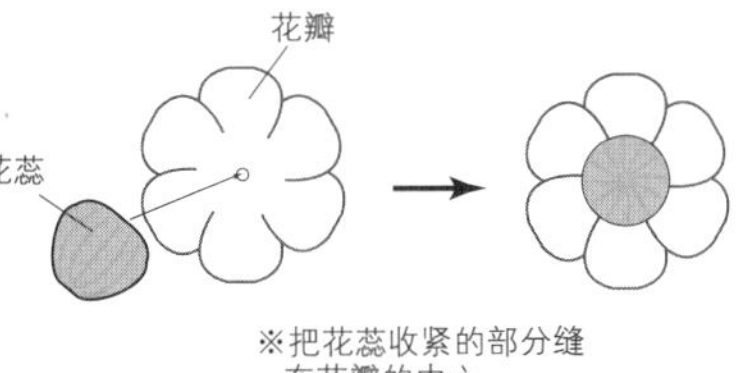

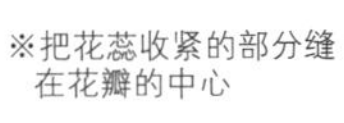

※把花蕊收紧的部分缝在花瓣的中心

胸针

花瓣、花蕊和茎的组合方法

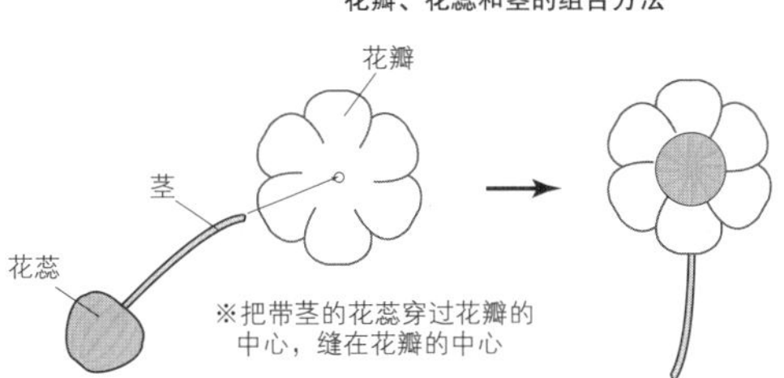

※把带茎的花蕊穿过花瓣的中心，缝在花瓣的中心

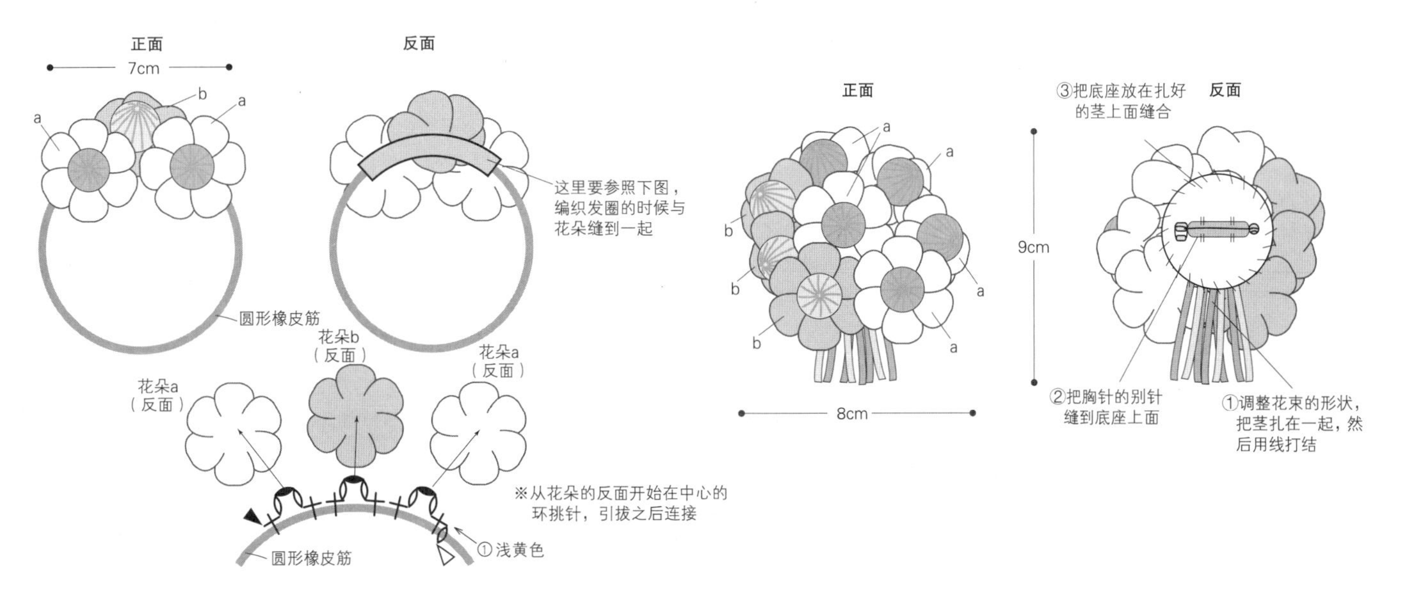

‖ p. 14 ‖ 圆形花片五彩围巾 花片 8

＊使用材料

芭贝 NEW 4PLY 米色（444）37g，粉红色（406）、深粉色（462）、深红色（459）各 18g，茶色（419）、青绿色（456）、芥末黄色（471）各 11g

＊使用钩针

钩针 5/0 号

＊成品尺寸

宽 20cm、长 105cm

＊编织密度

花片直径 5cm

＊编织要点

- 花片线头环形起针编织，同时进行 2 行配色编织。花片 a、b、c、d、e、f 分别编织所需的片数。
- 第 3 行要在编织的同时把花片连接到一起。第 1~20 片作为第 1 列横向连接在一起，第 21~41 片作为第 2 列与第 1 列连接在一起。第 3~5 列也按照相同的方法编织。

主体（花片连接）

花片a、e、f…各11片　花片c…22片

花片b…24片　花片d…23片

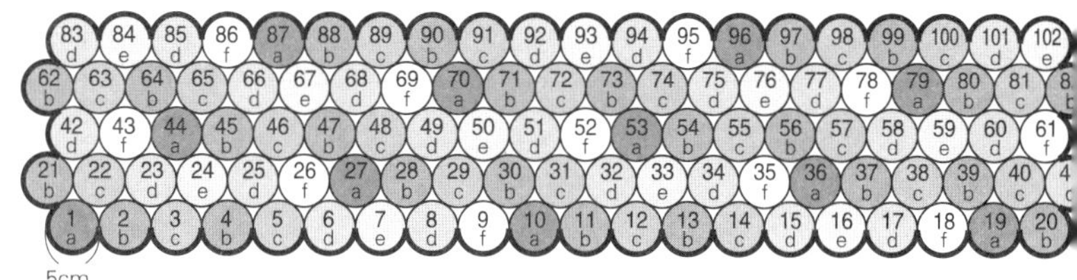

105cm（21片）

※数字代表的是花片的连接顺序

花片的配色表

行数	花片a	花片b	花片c	花片d	花片e	花片f
第3行	米色					
第1、2行	茶色	粉红色	深红色	深粉色	芥末黄色	青绿色
	11片	24片	22片	23片	11片	11片

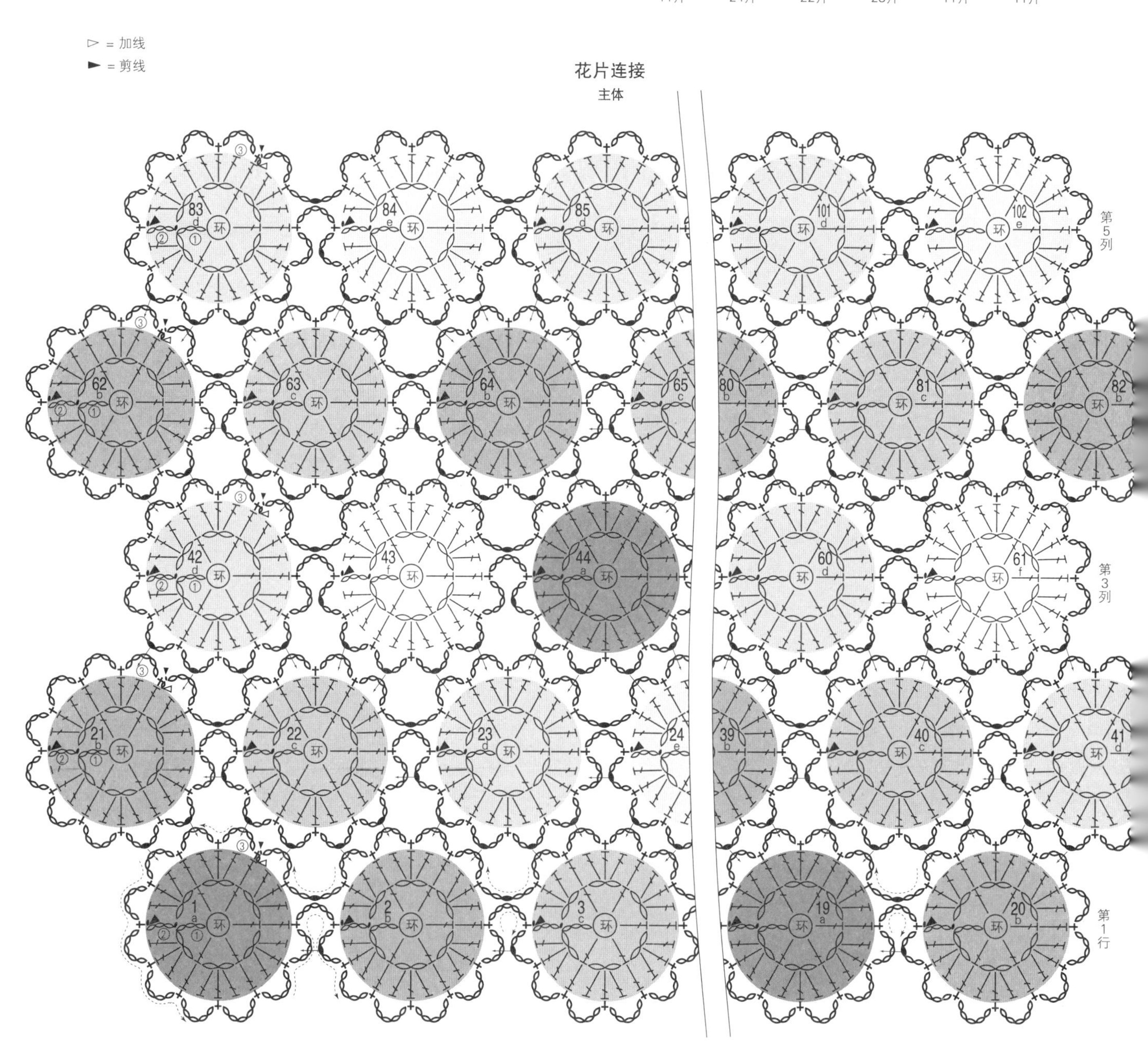

‖ p. 24 ‖

圆形花片装饰垫 花片 8

＊**使用材料**

和麻纳卡 Flax C 原白色（1）5g、灰色（4）4g

＊**使用钩针**

钩针 4/0 号

＊**成品尺寸**

16.5cm × 14.5cm

＊**编织密度**

花片直径 5.5cm

＊**编织要点**

・花片线头环形起针，同时进行 2 行配色编织，一共编织 7 片。

・第 3 行要在编织的同时把花片连接到一起。第 1 片和第 2 片横向排列连接到一起，第 3~5 片作为第 2 列与第 1 列连接到一起编织。第 6 片和第 7 片作为第 3 列与第 2 列连接到一起。

主体（花片连接）

7片

6 7

3 4 5

1 2

14.5cm

5.5cm

16.5cm（3片）

※数字代表的是花片的连接顺序

花片的配色表

行数	色名
第2行	灰色
第1、3行	原白色

▷ = 加线

▶ = 剪线

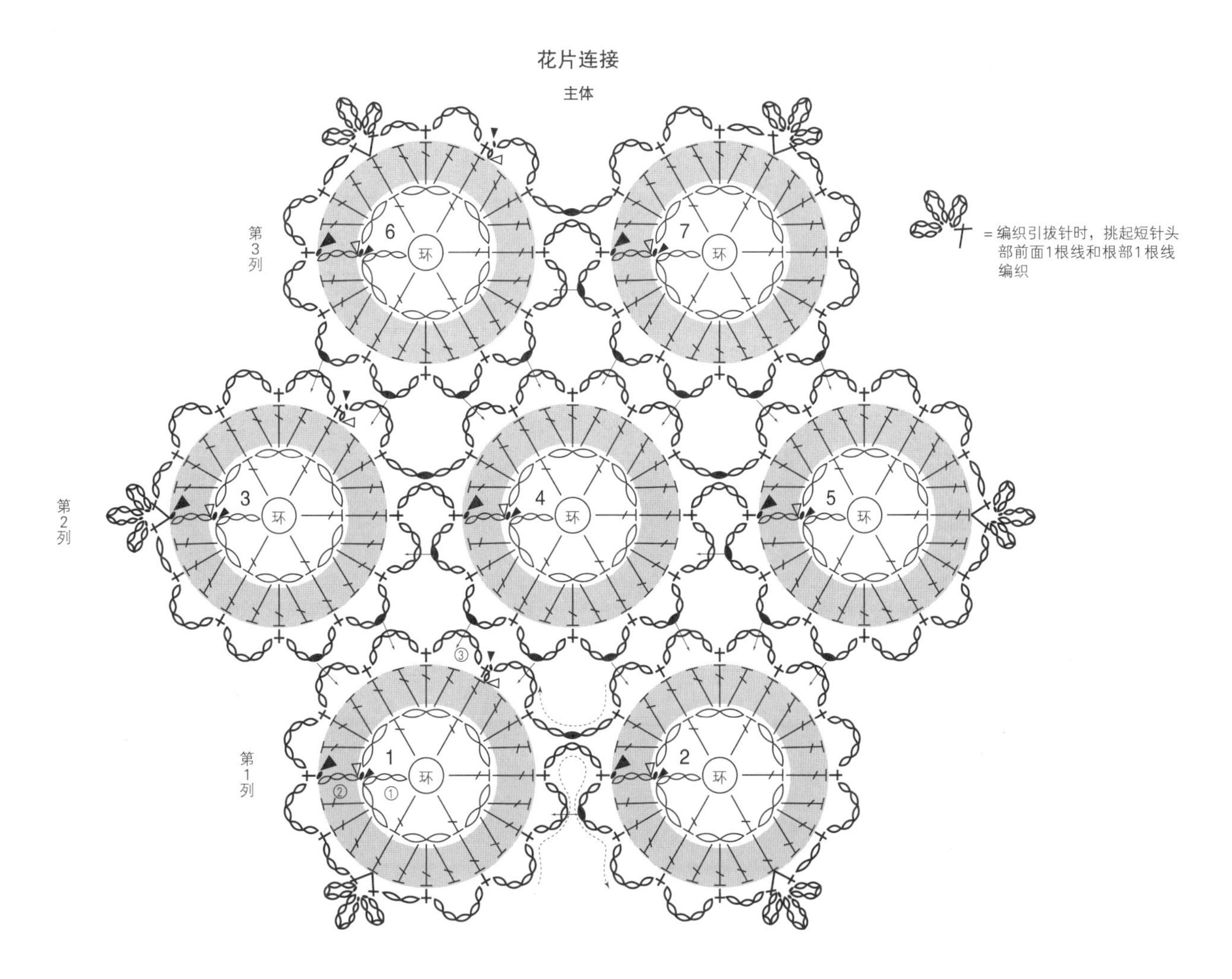

繁花似锦迷你包 花片 9

＊使用材料

奥林巴斯 Emmy Grande<herbs> 红色（190）6g，粉红色（119）、深橘色（171）、黄绿色（273）、象牙白色（732）各 2g，浅蓝色（341）、深褐色（777）各 1g；Emmy Grande<colors> 橘黄色（555）3g，紫红色（127）、深粉色（155）、绿色（244）、青绿色（391）各 2g；直径 1cm 的纽扣 1 颗

＊使用钩针

蕾丝钩针 0 号

＊成品尺寸

宽 9.5cm、深 15.5cm

＊编织密度

花片直径 2.4cm

＊编织要点

- 花片编织 6 针锁针连成环，然后参照编织图编织 2 行配色编织。第 2 行从第 2 片开始把花片与邻近的花片连接到一起，一共编织 56 片。
- 主体的穿入口部分编织 4 行短针。底部的★和☆重叠在一起，编织 1 行边缘编织。
- 提手部分，先编织 70 针锁针作为起针，然后编织 3 行短针。在编织第 2 行时要预留出扣眼的位置。
- 把提手缝到穿入口的内侧。纽扣缝到外侧。

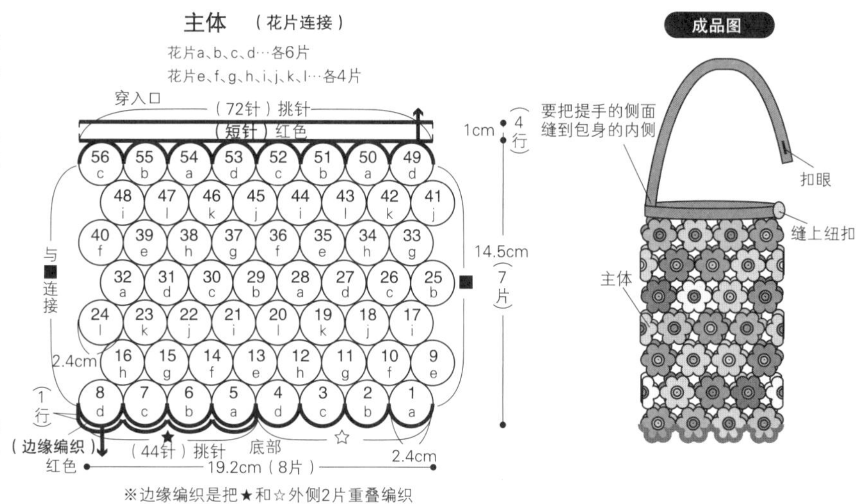

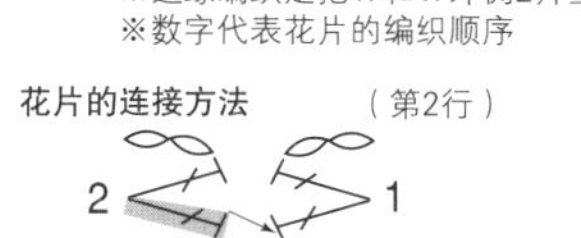

①编织1针长针（ ）之后拔出钩针

②从前一片花片指定针目的头部入针后拉出

③接下来编织长针

（参考p.36）

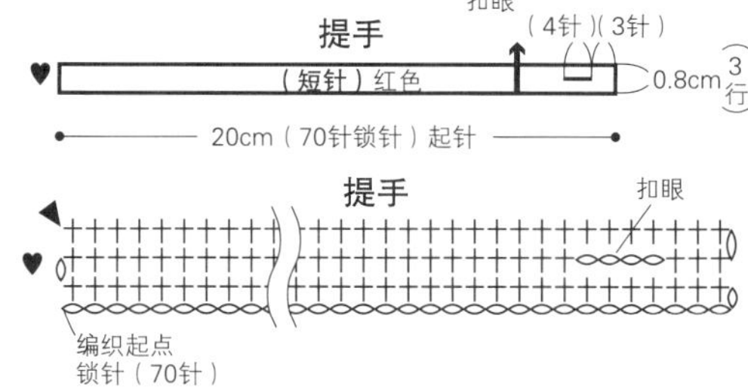

▷ = 加线

► = 剪线

花片配色表

行数	花片a	花片b	花片c	花片d	花片e	花片f	花片g	花片h	花片i	花片j	花片k	花片l
第2行	橘黄色	黄绿色	粉红色	深粉色	象牙白色	深褐色	红色	浅蓝色	紫红色	深橘色	绿色	青绿色
第1行	深粉色	青绿色	红色	黄绿色	红色	深橘色	紫红色	橘黄色	绿色	象牙白色	粉红色	橘黄色
	6片	6片	6片	6片	4片	4片	4片	4片	4片	4片	4片	4片

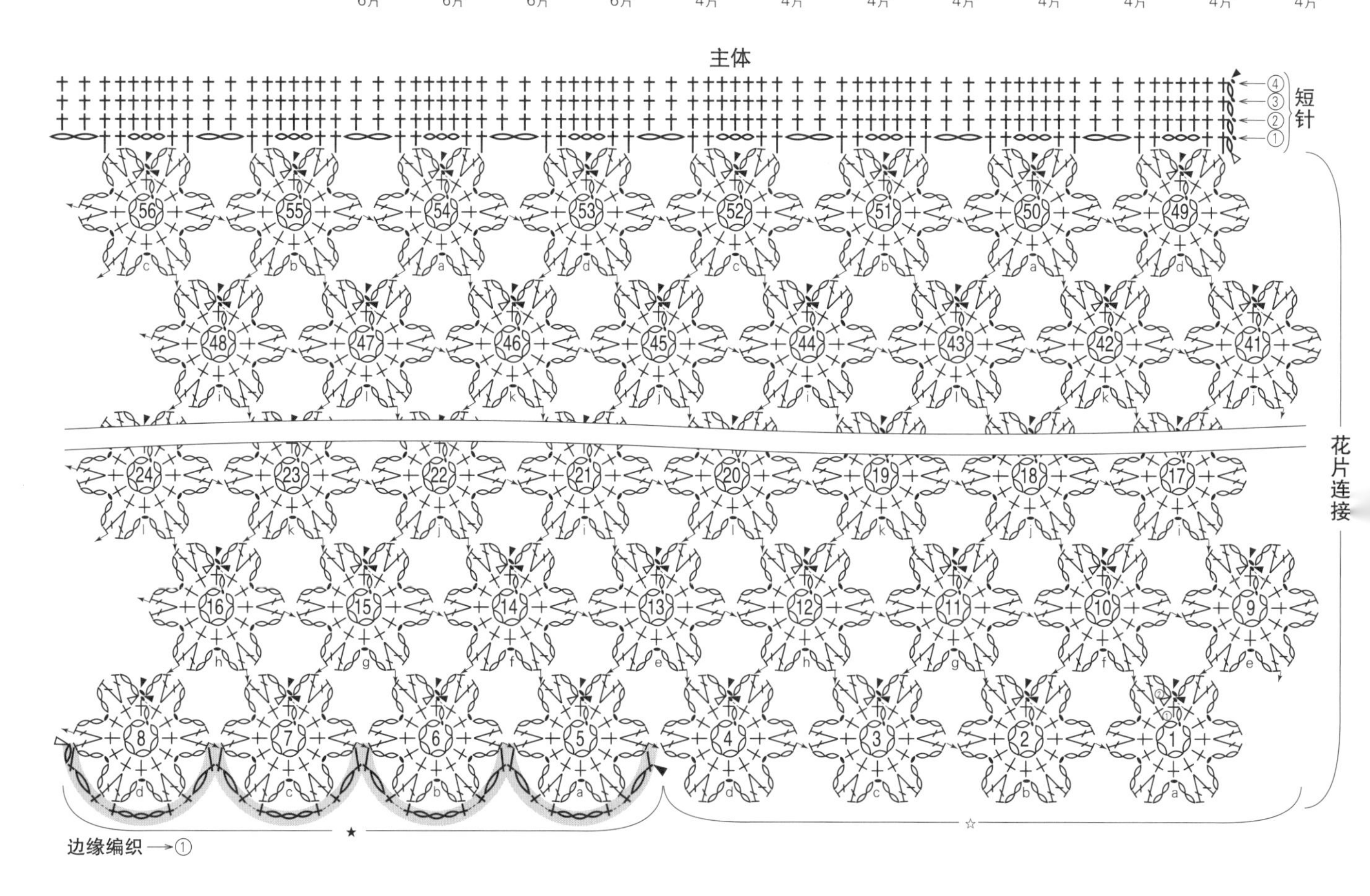

‖ p. 18 ‖

大花图案的花片披肩 花片 14

主体（花片连接） 77片

77	76	75	74	73	72	71	70	69	68	67	66	65	64	63
61	60	59	58	57	56	55	54	53	52	51	50	49	48	47
46	45	44	43	42	41	40	39	38	37	36	35	34	33	32
30	29	28	27	26	25	24	23	22	21	20	19	18	17	16
15	14	13	12	11	10	9	8	7	6	5	4	3	2	1

48cm（5片）

10cm

160cm（16片）

* **使用材料**

RICH MORE Percent 芥末黄色（7）345g

* **使用钩针**

钩针 6/0 号

* **成品尺寸**

宽 48cm、长 160cm

* **编织密度**

花片直径 10cm

* **编织要点**

・花片先编织 7 针锁针连成环，然后按照图示编织 3 行。从第 2 片花片开始，在第 3 行与上一片连接到一起编织，一共需要编织 77 片。

‖ p. 19 ‖ 七彩段染无扣披肩 花片 15

＊使用材料

芭贝 Mohair Multi 蓝色和紫色系七彩段染线（604）240g

＊使用钩针

钩针 6/0 号

＊成品尺寸

参照图示

＊编织密度

花片直径 7cm

＊编织要点

- 把七彩段染线的紫色部分与其他颜色的线分开放置。花片线头环形起针，按照图示编织 3 行。从第 2 片花片开始，在第 3 行与上一片连接到一起编织，一共需要编织 145 片。
- 在袖口和四周分别编织 1 行边缘编织。

主体（花片连接）

145片

…紫色（20片）

…紫色以外（125片）

※分层段染的紫色线部分要分开编织，其中 20 片花片和边缘编织用紫色线编织，紫色线以外的花片部分可以根据需要选择不同颜色的线编织

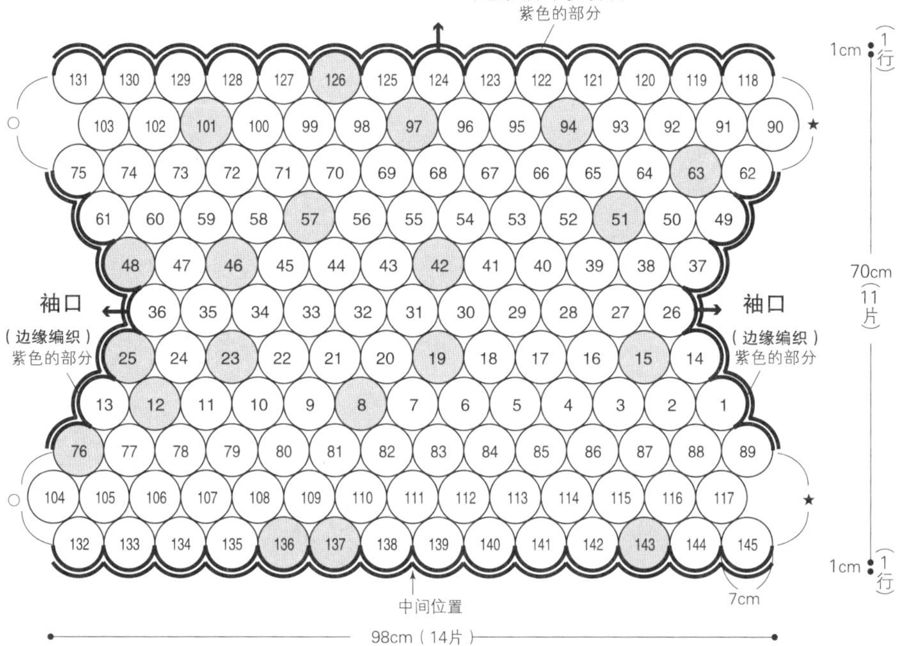

※数字代表花片的编织顺序

※相同标记的部分要编织在一起

花片

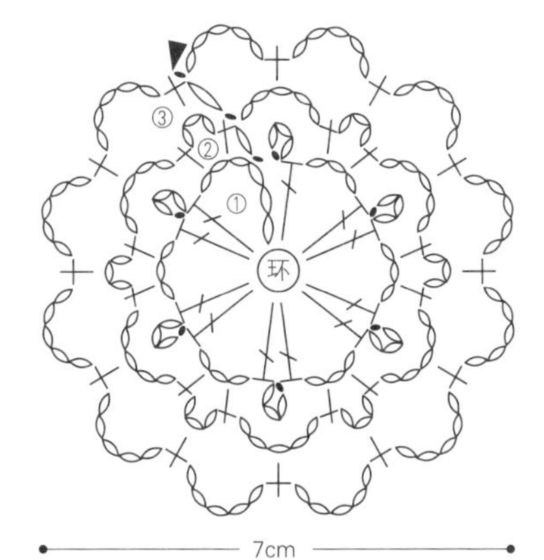

▷ = 加线

► = 剪线

成品图

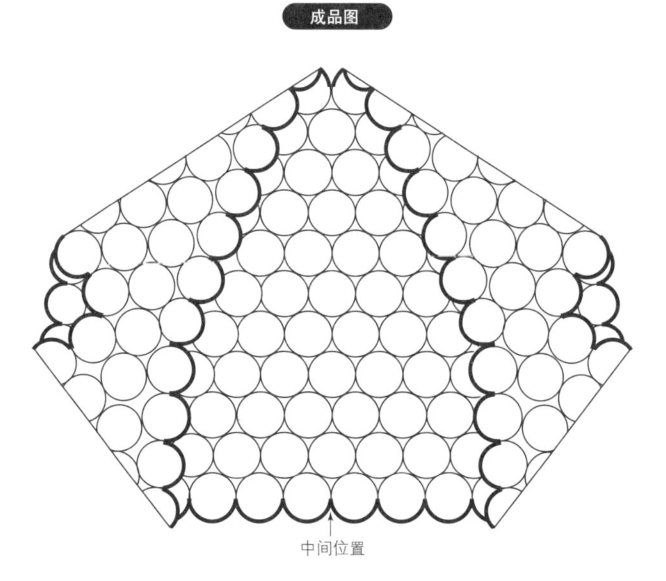

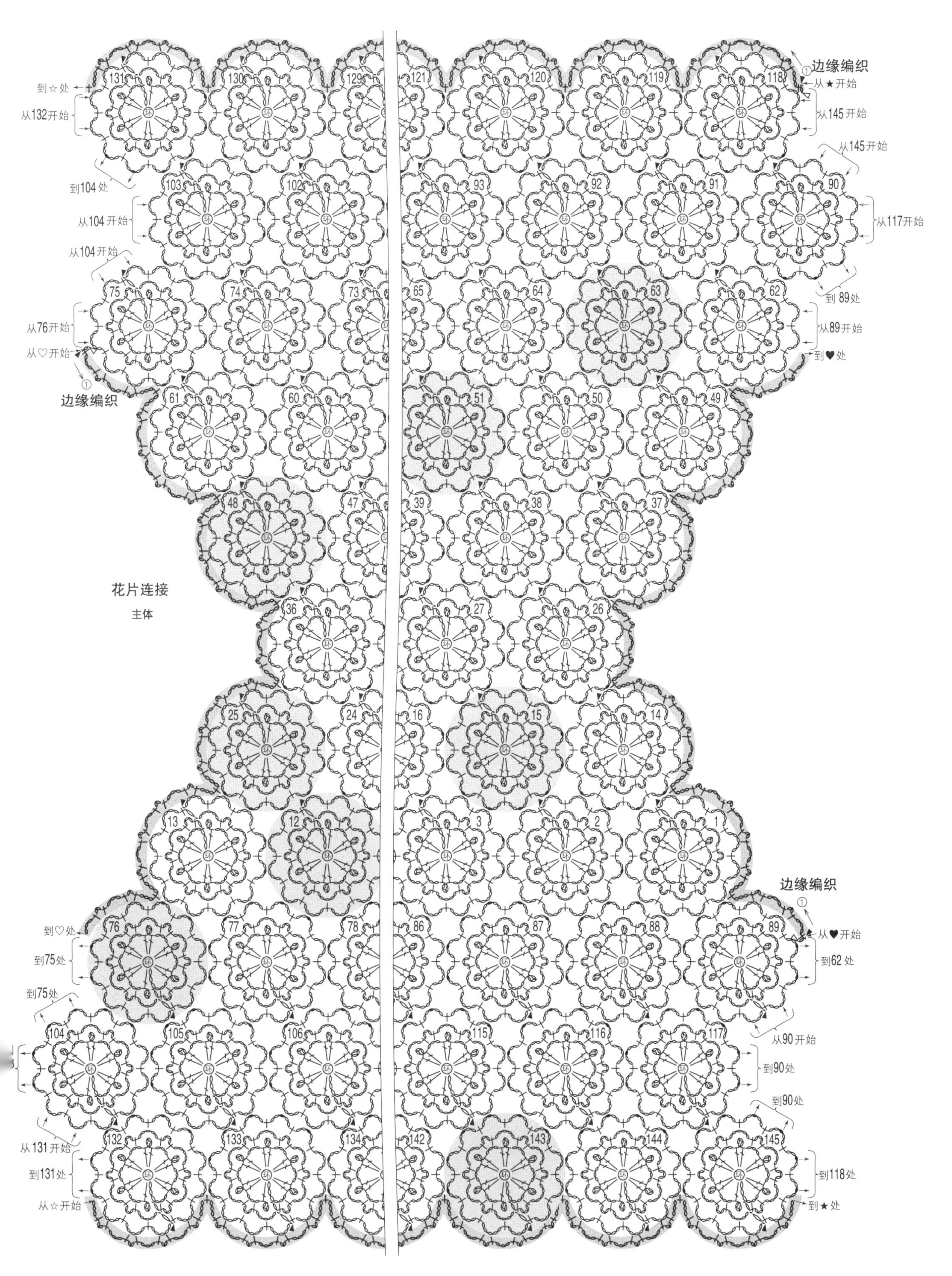

边缘编织
从★开始
从145开始
到☆处
从132开始
到104处
从104开始
从145开始
从117开始
从104开始
到89处
从76开始
从♡开始
从89开始
到♥处
边缘编织
花片连接
主体
边缘编织
到♡处
从♥开始
到75处
到62处
到75处
从90开始
到90处
到90处
从131开始
到131处
到118处
从☆开始
到★处

花片手提包 花片16

＊使用材料

和麻纳卡 Bosk 灰色（3）250g；和麻纳卡 纯毛中细线 芥末黄色（33）35g，深褐色（5）20g；宽2cm、长45cm的皮革提手1对

＊使用钩针

钩针8/0、4/0号

＊成品尺寸

宽32.5cm、深22cm（不包含提手部分）

＊编织密度

10cm×10cm面积内：短针15针、16行；花片大小6.5cm×6.5cm

＊编织要点

・底部编织27针锁针起针，参考图示编织8行短针。主体不用加减针继续编织35行。底部的最后一行编织引拔针。

・装饰部分编织花片连接。花片线头环形起针，如图所示进行配色编织，编织到第4行。共需要编织30片。编织第5行的时候把花片连接成圆形。

・参考书中的成品图，把装饰花片缝到主体上，将提手缝到主体的外侧。

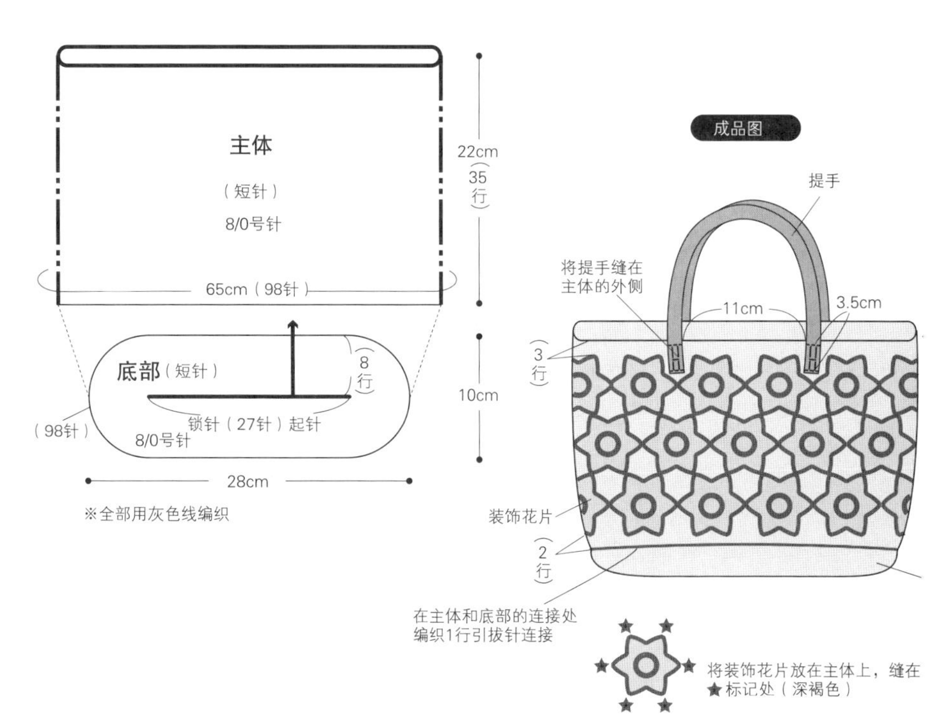

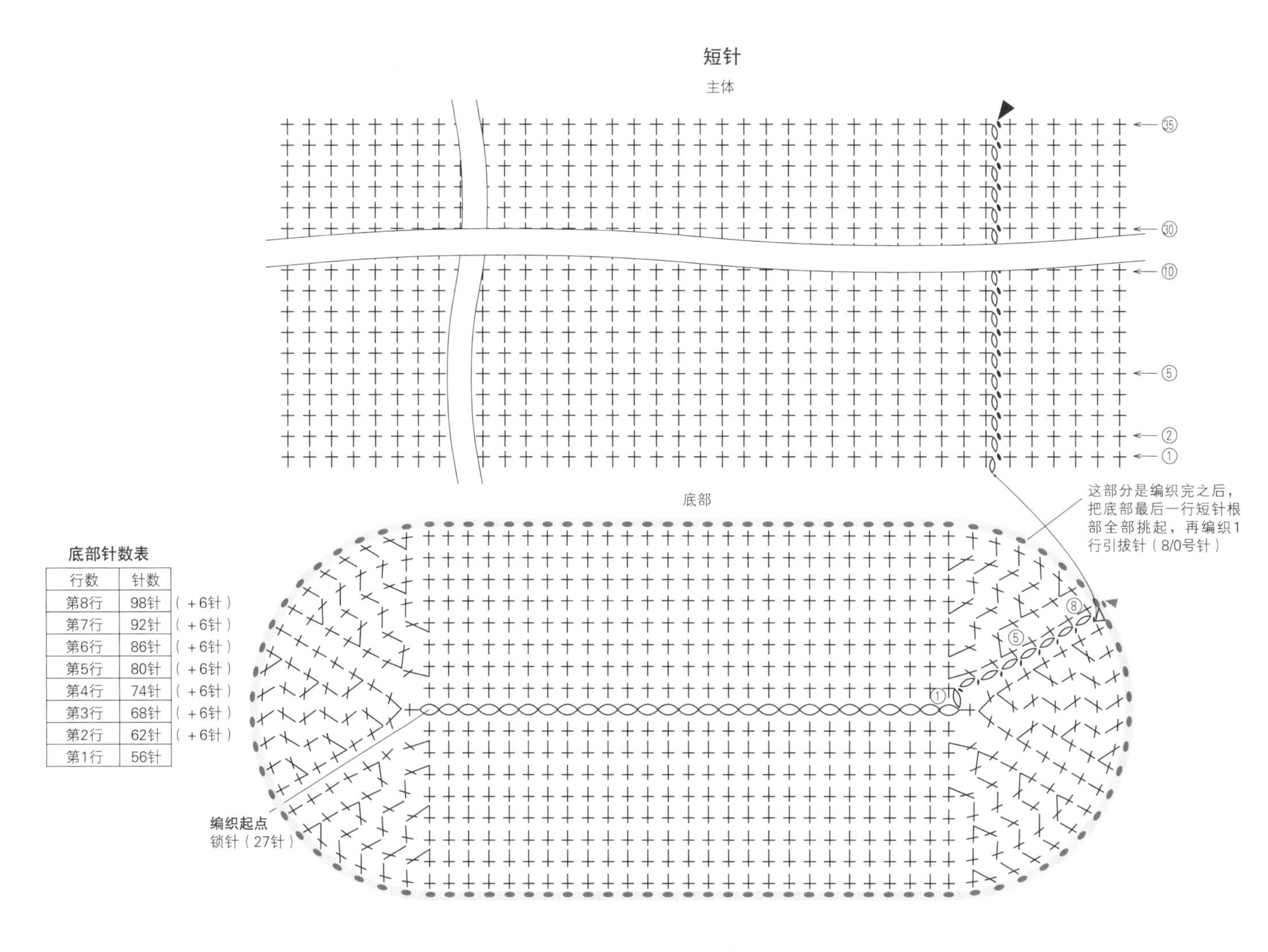

底部针数表

行数	针数	
第8行	98针	（+6针）
第7行	92针	（+6针）
第6行	86针	（+6针）
第5行	80针	（+6针）
第4行	74针	（+6针）
第3行	68针	（+6针）
第2行	62针	（+6针）
第1行	56针	

装饰花片（花片连接）4/0号针

30片

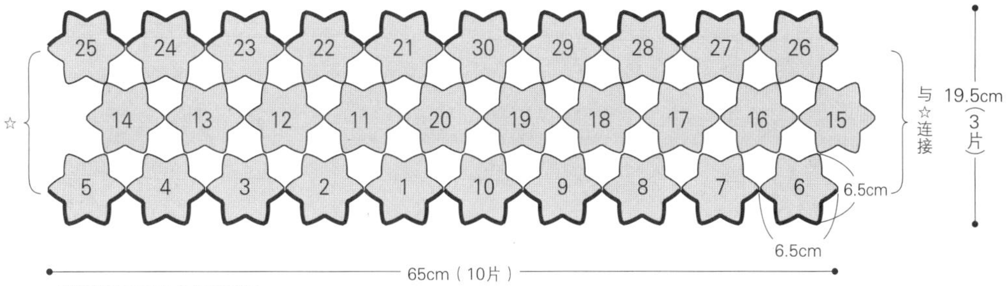

25	24	23	22	21	30	29	28	27	26
14	13	12	11	20	19	18	17	16	15
5	4	3	2	1	10	9	8	7	6

☆ 与☆连接

19.5cm（3片）

6.5cm

6.5cm

65cm（10片）

※数字代表花片的连接顺序

▷ = 加线

► = 剪线

花片配色表

行数	色名
第2、5行	深褐色
第1、3、4行	芥末黄色

装饰花片

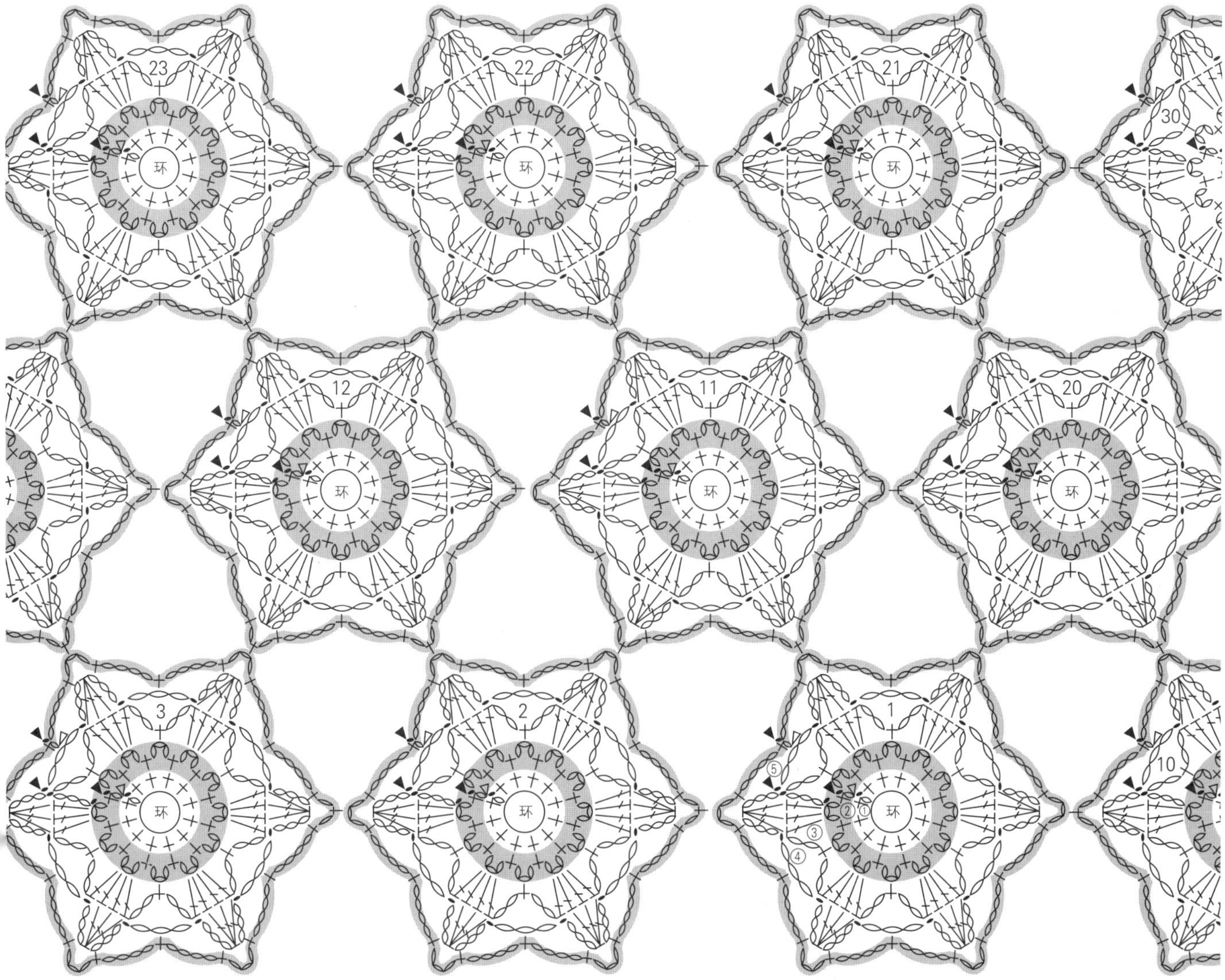

方形花片套头衫 花片 17

＊使用材料

和麻纳卡 Alpaca Mohair Fine 浅黄色（21）230g；直径 2.5cm 的装饰用纽扣 2 颗

＊使用钩针

钩针 5/0 号

＊成品尺寸

身长 56cm、连肩袖长 42cm

＊编织密度

花片大小 14cm × 14cm

＊编织要点

- 花片线头环形起针，编织 16 针短针，参照所示编织 7 行。第 2 片在第 7 行编织短针与上一片连接，一共需要编织 24 片。完成 2 片相同的织片。
- 肩部是把 2 片织片反面相对，然后参照图示编织短针和锁针。
- 把 2 片主体重叠到一起，在标记★处缝合，再在上面缝上装饰用纽扣。

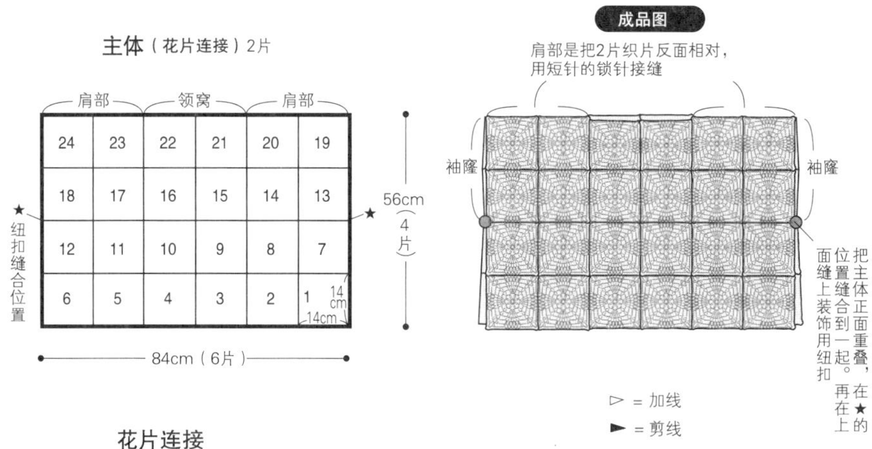

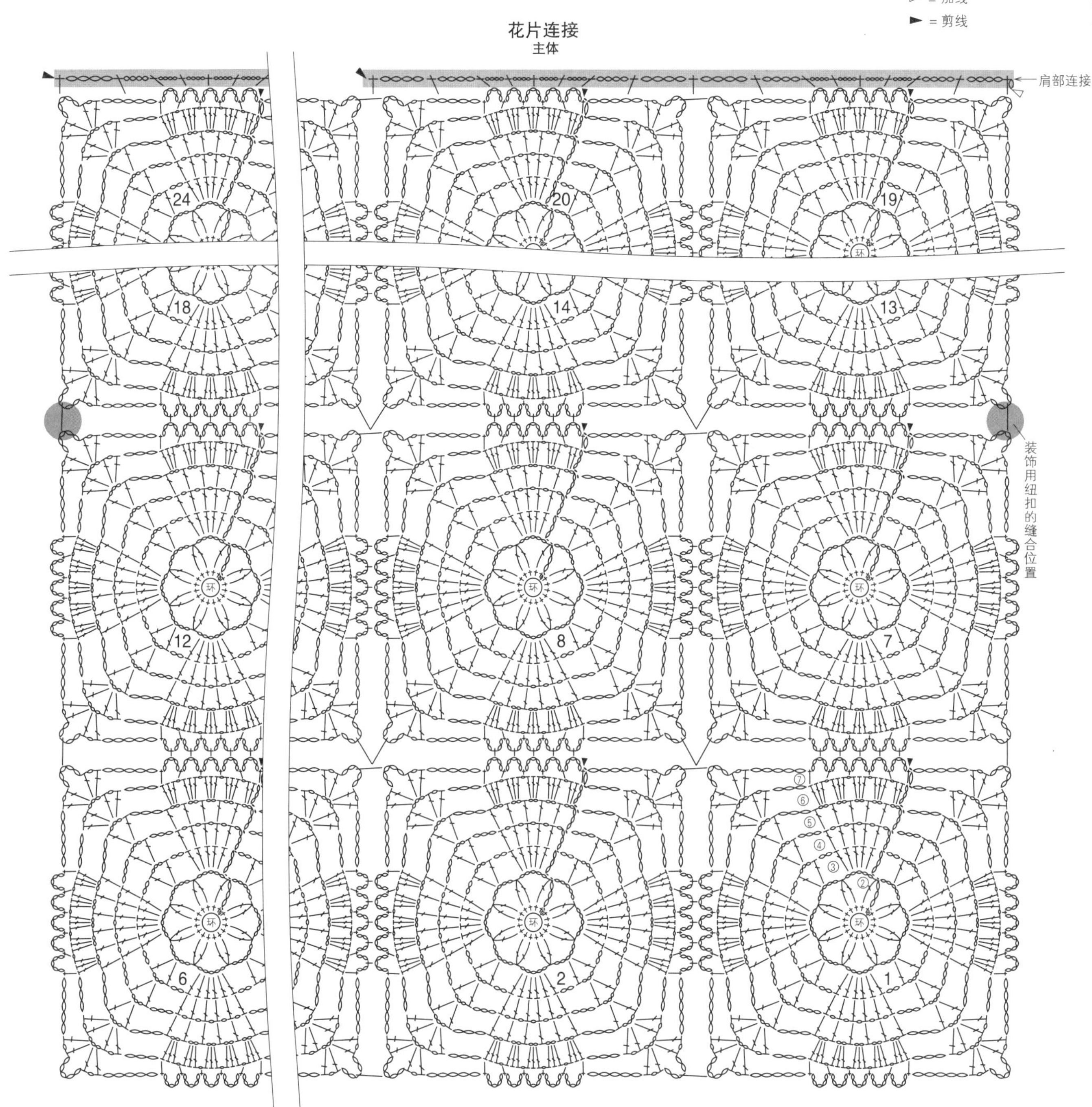

‖ p. 16、17 ‖

花片饰物、花片长项链

花片 11、6 和花片 12、13

［A］

＊使用材料

和麻纳卡 Alpaca Mohair Fine 原白色（1）4g

＊使用钩针

钩针 5/0 号

＊成品尺寸

宽 1.5cm、长 120cm

［B］

＊使用材料

奥林巴斯 Emmy Grande<herbs> 灰白色（800）6g

＊使用钩针

蕾丝针 0 号

＊成品尺寸

宽 4.5cm、长 126cm

［C］

＊使用材料

奥林巴斯 Emmy Grande<herbs> 象牙白色（732）8g

＊使用钩针

蕾丝针 0 号

＊成品尺寸

宽 4cm、长 120cm

＊编织要点

・参考每个作品的编织图

A

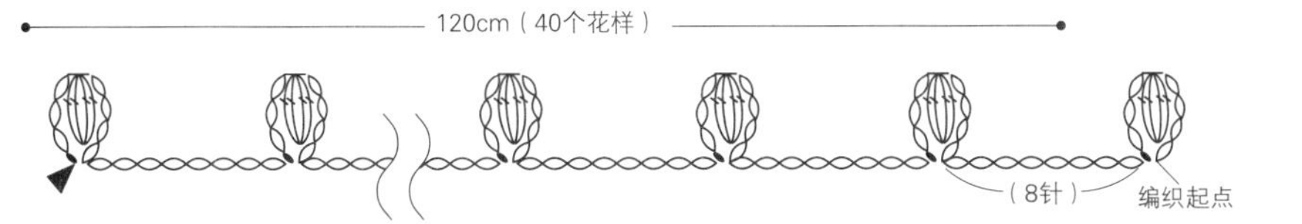

B

花片 7片

※先编织好7片花片，然后用织带连在一起

35行

4行

126cm

织带 35行

花片

4.5cm

①

④

㉟

※挑起锁针的半针和里山，编织长针

织带

环

= 从枣形针头部前面的1根线和2针长针根部的各1根线共3根线中挑针，编织引拔针

▷ = 加线

▶ = 剪线

C

※从花片1开始编织。从花片2开始，在编织终点处与上一片花片连接

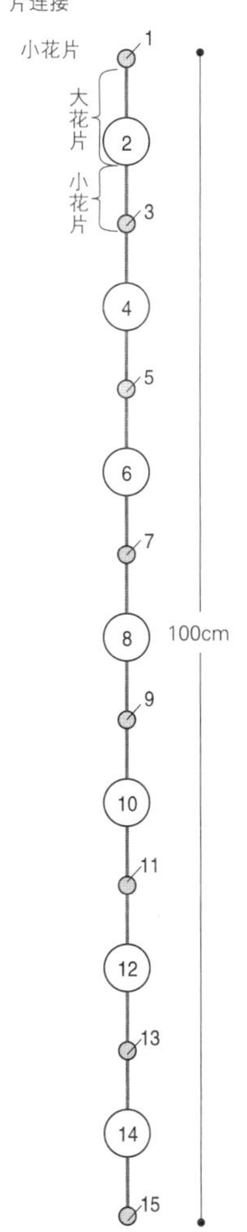

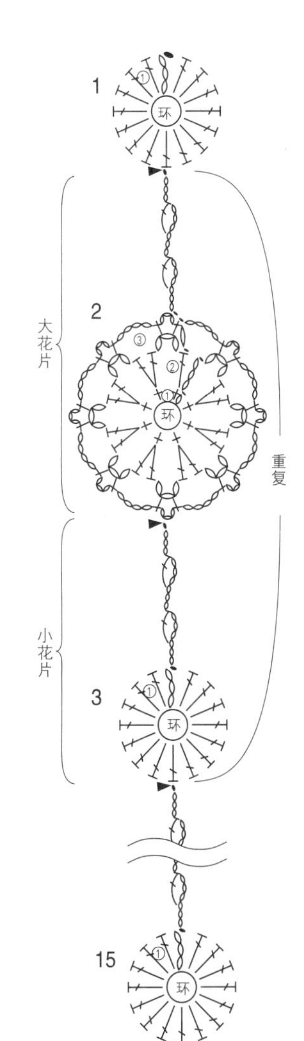

‖ p. 22、23 ‖

春日花田盖膝毯 花片 18

＊使用材料

和麻纳卡 Fair lady 50 粉色（82）72g，浅粉色（53）、灰紫色（87）各 44g，浅黄色（95）39g，茶色（105）37g，原白色（2）26g，米黄色（52）23g

＊使用钩针

钩针 7/0 号

＊成品尺寸

宽 55cm、长 104cm

＊编织密度

花片直径 8.5cm

＊编织要点

- 花片线头环形起针，编织4行配色花样。从第2片开始，在第4行编织短针与上一片花片连接，共需要编织80片。
- 四周编织 1 行边缘编织。

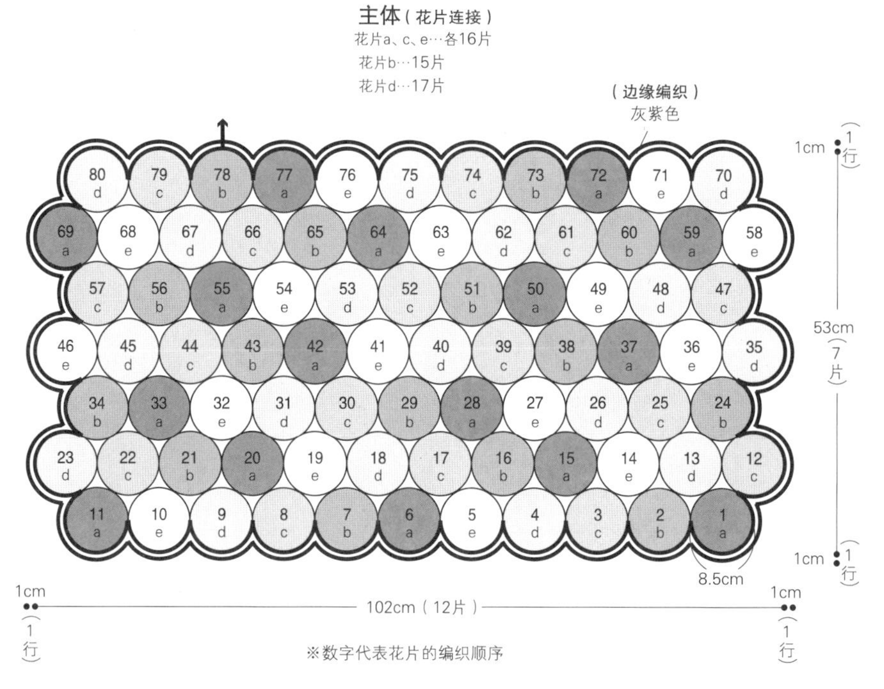

花片

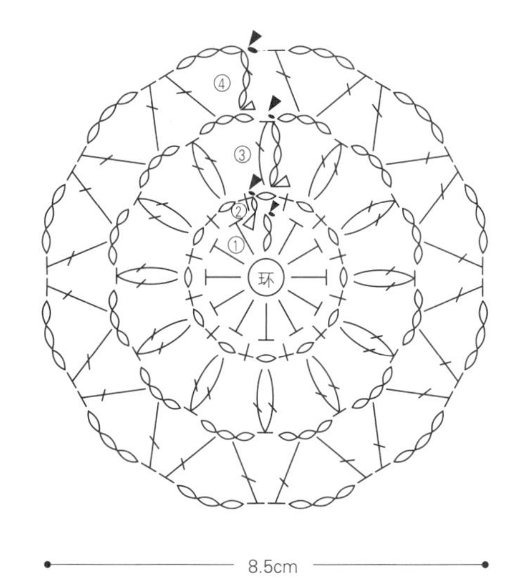

花片配色表

行数	花片a	花片b	花片c	花片d	花片e
第4行	浅粉色	米黄色	灰紫色	粉红色	茶色
第3行	灰紫色	原白色	浅粉色	浅黄色	粉红色
第2行	原白色	浅黄色	粉红色	粉红色	浅黄色
第1行	粉红色	粉红色	浅黄色	茶色	茶色
	16片	15片	16片	17片	16片

▷ = 加线
► = 剪线

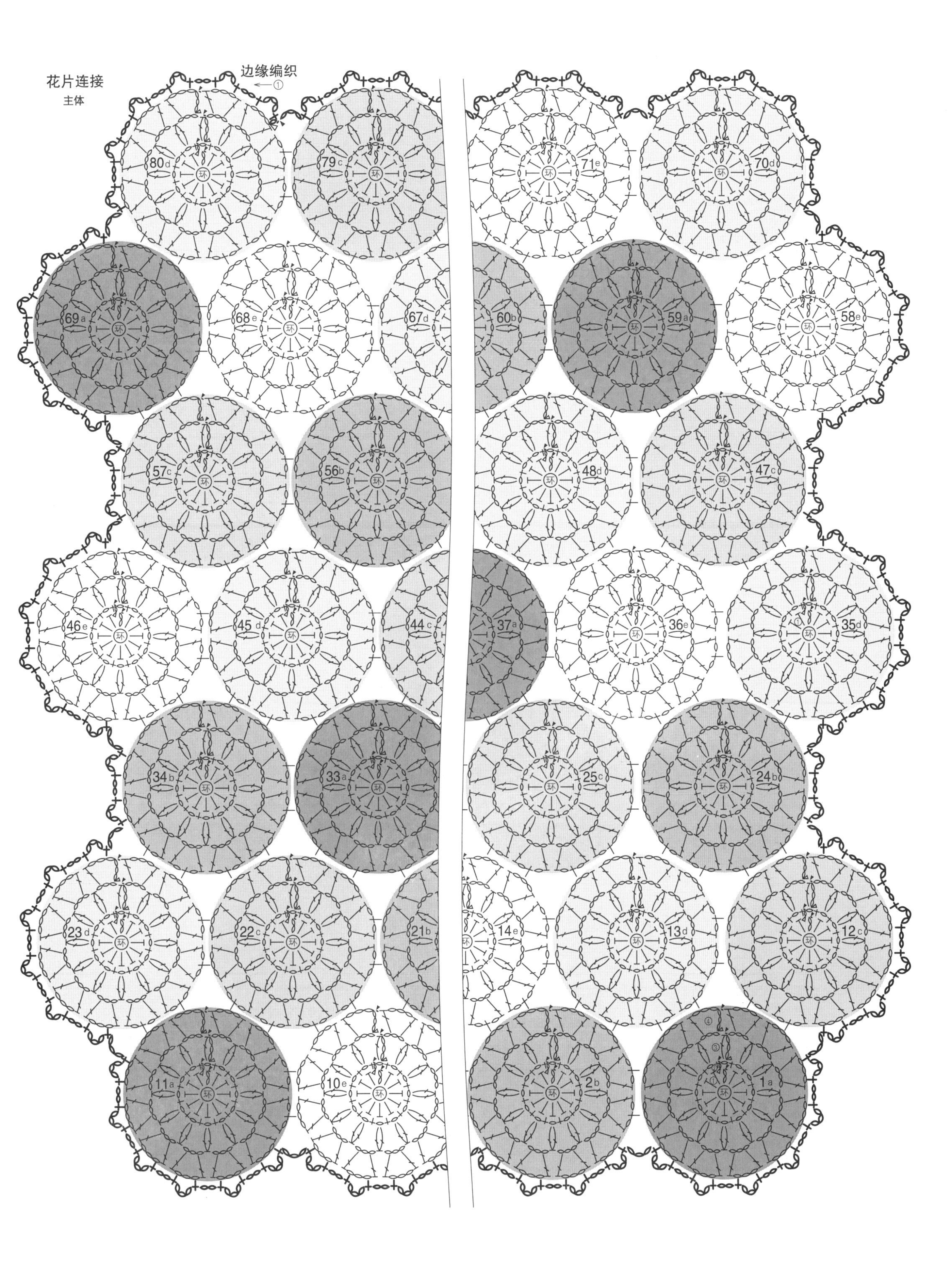
花片连接
主体
边缘编织
①
80d
79c
71e
70d
69a
68e
67d
60b
59a
58e
57c
56b
48d
47c
46e
45d
44c
37a
36e
35d
34b
33a
25c
24b
23d
22c
21b
14e
13d
12c
11a
10e
2b
1a
环

‖ p. 25 ‖ 六边形花片茶壶罩、茶壶垫 花片20

［茶壶罩］

*使用材料

使用材料

芭贝 British Eroika 芥末黄色（191）80g；NEW 4PLY 原白色（402）、绿色（451）各15g

*使用钩针

钩针7/0号、4/0号

*成品尺寸

宽27cm、高19cm（不包含装饰部分）

*编织密度

10cm×10cm面积内：编织花样A 17针、7行

*编织要点

- 茶壶罩主体是编织92针锁针起针，如图所示，分散减针的同时编织13行。最后一行在●（24针）的针目处穿线收紧。
- 茶壶罩装饰编织8片花片。花片线头环形起针，参照图示进行配色编织，一共编织4行。把8片花片用引拔针连接成一个环，然后在上下两侧分别编织1行边缘编织。
- 花蕾编织1针锁针起针后再编织1行。
- 叶子编织7针锁针起针，按照图示方法编织。
- 参照成品图，把花片缝到茶壶罩上。在茶壶罩的顶端缝上花蕾和叶子。

［茶壶垫］

*使用材料

芭贝 British Eroika 芥末黄色（191）20g；NEW 4PLY 绿色（451）5g

*使用钩针

钩针7/0号、4/0号

*成品尺寸

直径19cm

*编织要点

- 茶壶垫线头环形起针编织，参照图中所示编织6行，然后再用绿色线编织1行边缘编织。

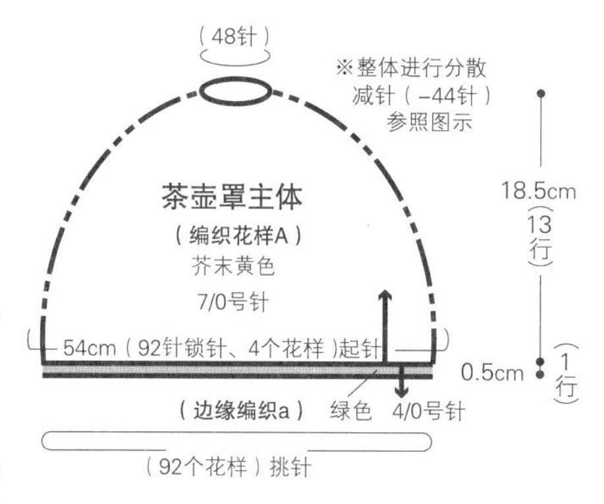

成品图

茶壶罩

把花蕾和叶子缝在中心位置

毛线从最后一行的剩余针目●（24针）处穿过，拉紧

花蕾

叶子

茶壶罩主体

2cm

把茶壶罩装饰花片缝到茶壶罩主体上

茶壶罩装饰花片

（花片连接） 8片 4/0号针

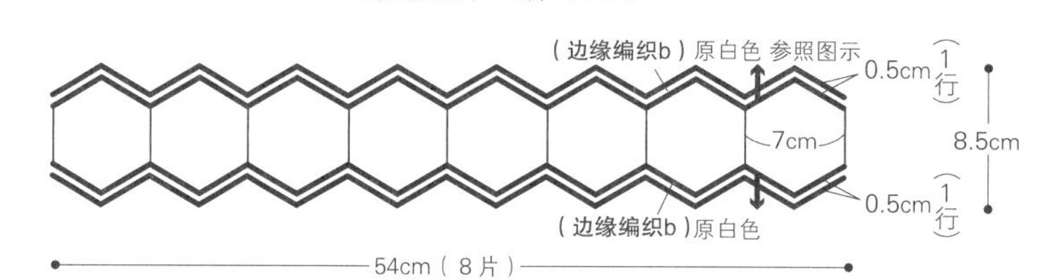

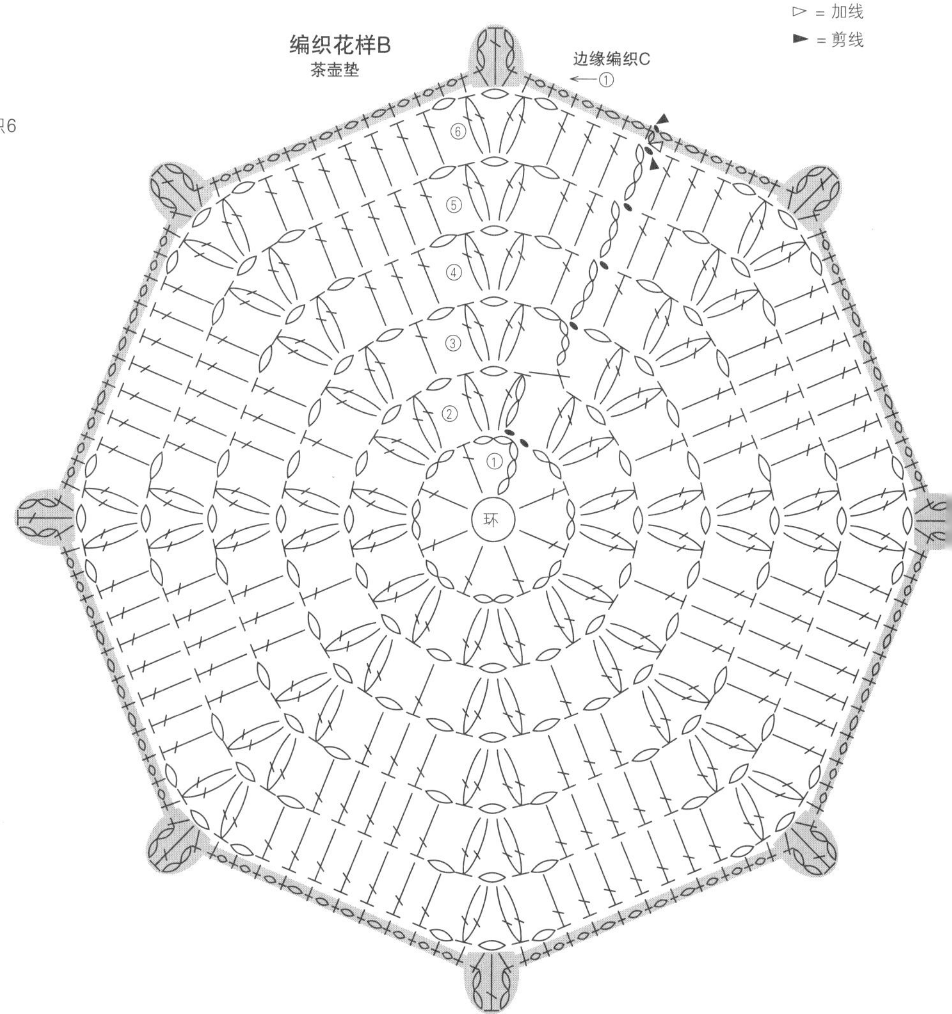

茶壶垫

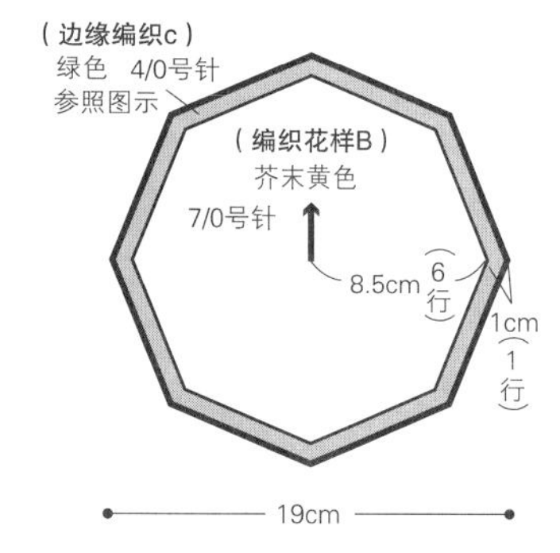

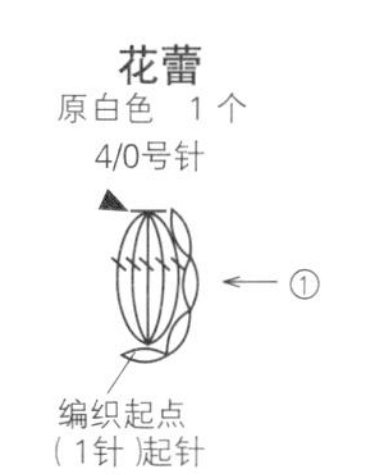

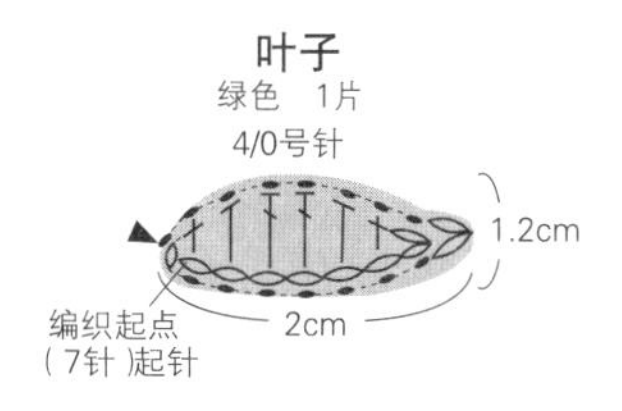

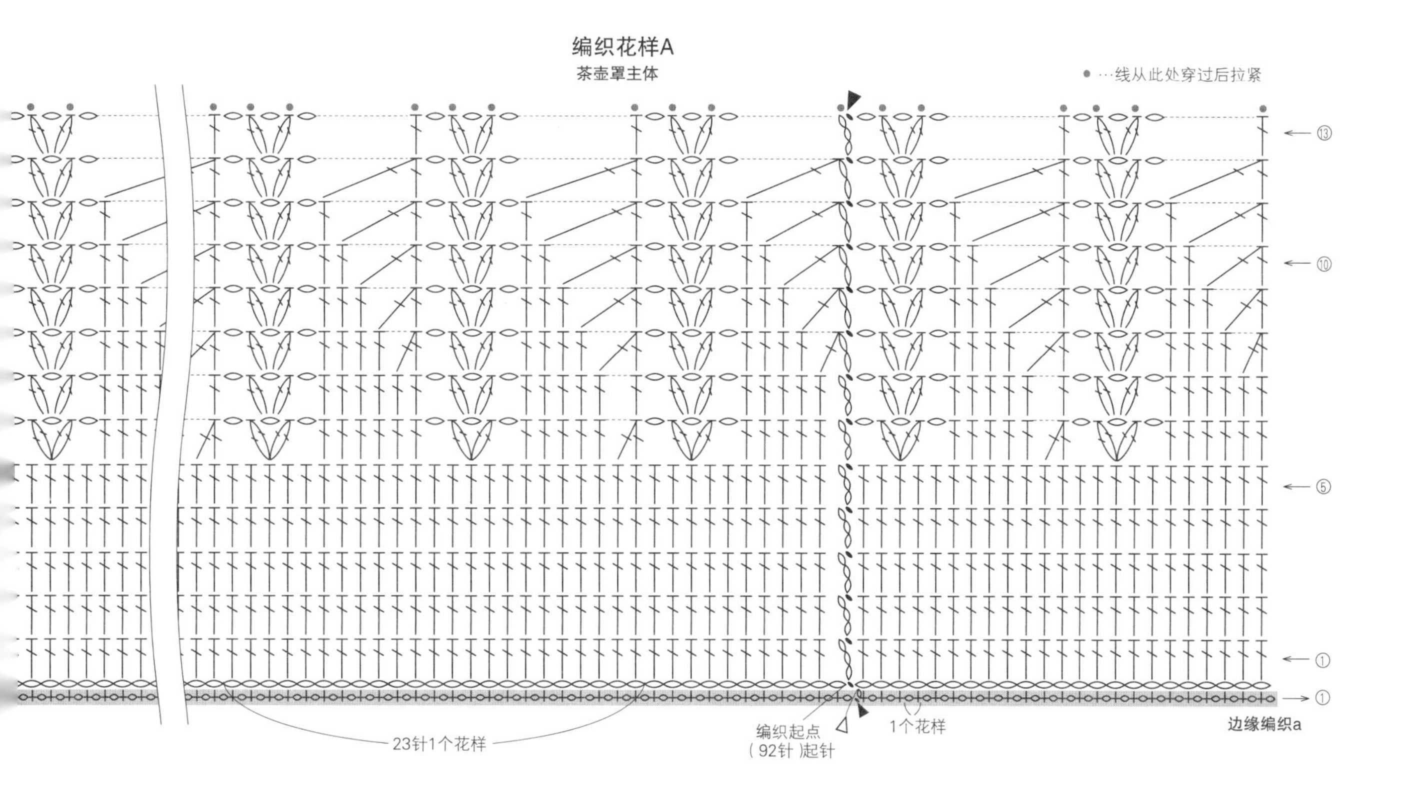

花片配色表

行数	色名
第2、3行	原白色
第1、4行	绿色

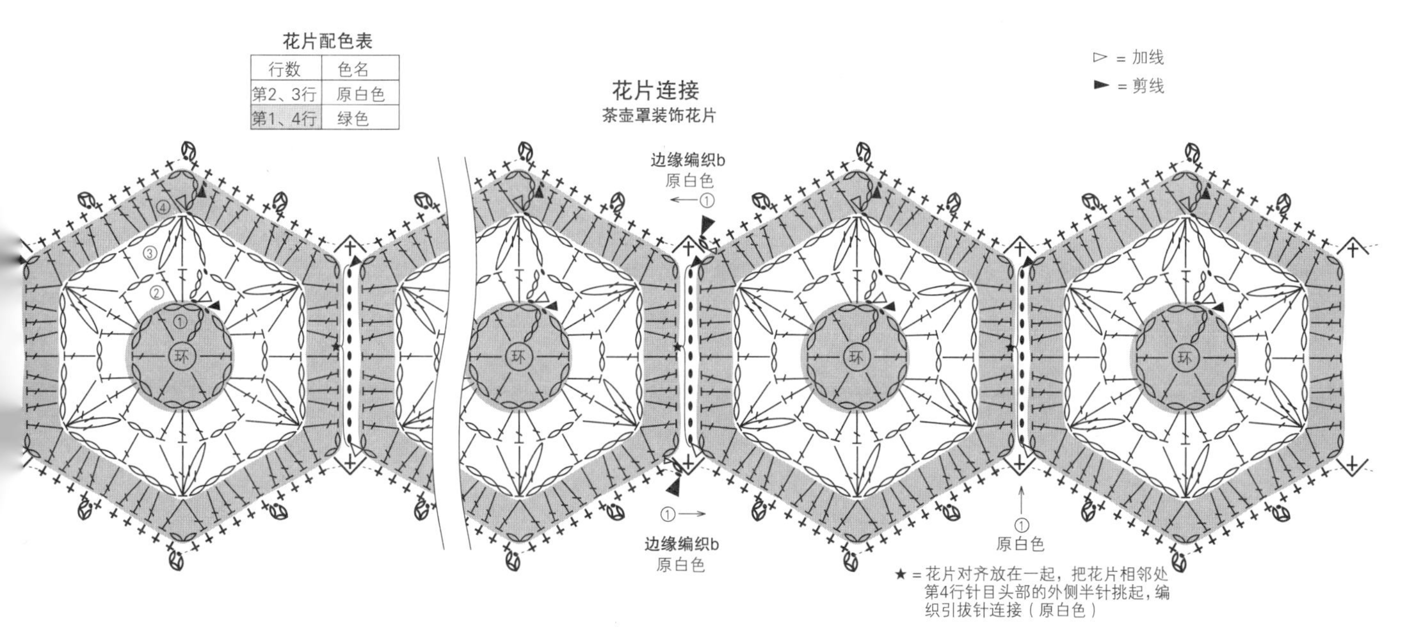

花片针插 花片 4、6、21

[A]

＊使用材料

和麻纳卡 Exceed Wool FL 粗 灰蓝色（244）5g，原白色（201）、蓝色（223）、灰色（237）各 1g

＊使用钩针

钩针 5/0 号

＊成品尺寸

直径 6.5cm

＊编织要点：

- 花片编织 5 针锁针连成环，编织 4 行配色编织。
- 如图所示，圆形的底座编织 19 行短针。把多余的线塞到中间，在最后一行穿线拉紧。
- 把花片缝到圆形底座的上面。

[B]

＊使用材料

和麻纳卡 Exceed Wool FL粗 藏青色（226）5g；Alpaca Mohair Fine 原白色（1）1g；直径4mm的珍珠串珠6颗

＊使用钩针

钩针 5/0 号

＊成品尺寸

直径 6.5cm

＊编织要点

- 花片线头环形起针，如图所示编织 1 行。
- 如图所示，圆形底座编织 19 行短针。把多余的线塞到中间，在最后一行穿线拉紧。
- 把花片和珍珠串珠缝到圆形底座的上面。

[C]

＊使用材料

和麻纳卡 Exceed Wool FL 粗 藏青色（226）10g，原白色（201）、灰色（237）各 2g，蓝色（223）1g

＊使用钩针

钩针 5/0 号

＊成品尺寸

7cm × 7cm

＊编织要点

- 花片线头环形起针，如图所示编织 5 行配色编织。
- 如图所示，再编织 3 行四边形底座。制作 2 片相同的花片。
- 把 2 片四边形花片反面相对对齐，叠在一起，然后分别把外侧的半针做卷针缝缝合。编织过程中把多余的线塞到 2 片底座中间。

花片配色表

行数	色名
第3、4行	原白色
第2行	蓝色
第1行	灰色

作品A的花片

1片

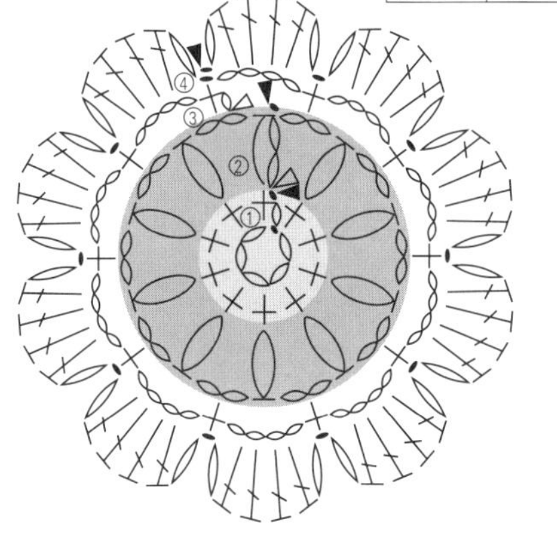

作品B的花片

原白色 1片

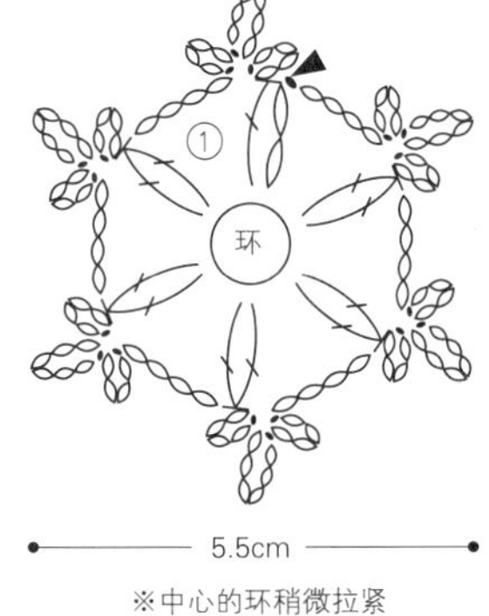

※中心的环稍微拉紧

= 从枣形针头部前面的1根线和2针长针根部的各1根线共3根线中挑针编织引拔针

▷ = 加线

▶ = 剪线

圆形底座 A…灰蓝色 1片 / B…藏青色 1片

1个花样

⑲ ⑮ ⑩ ⑤ ① 环

圆形底座的针数

行数	针数	
第19行	12针	（−6针）
第18行	18针	（−6针）
第17行	24针	（−6针）
第16行	30针	（−6针）
第15行	36针	（−6针）
第14行	42针	（−6针）
第9~13行	48针	
第8行	48针	（+6针）
第7行	42针	（+6针）
第6行	36针	（+6针）
第5行	30针	（+6针）
第4行	24针	（+6针）
第3行	18针	（+6针）
第2行	12针	（+6针）
第1行	6针	

组合方法

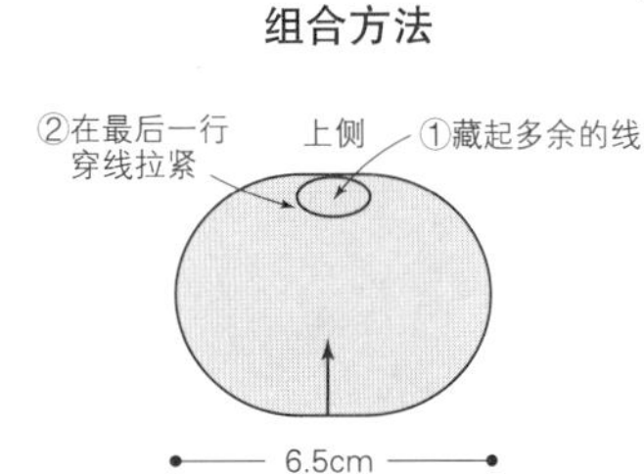

花片配色表

行数	色名
第5行	灰色
第3行	原白色
第2、4行	蓝色
第1行	藏青色

作品C的花片

1片

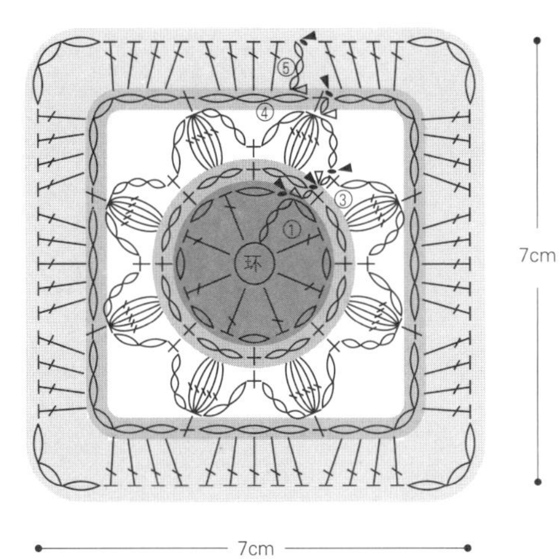

▷ = 加线
▶ = 剪线

※第1~3行要把反面作为正面使用

= 5针长针的枣形针

四边形底座

藏青色 2片

③
②
①
环
7cm
7cm

成品图

作品A

俯视图

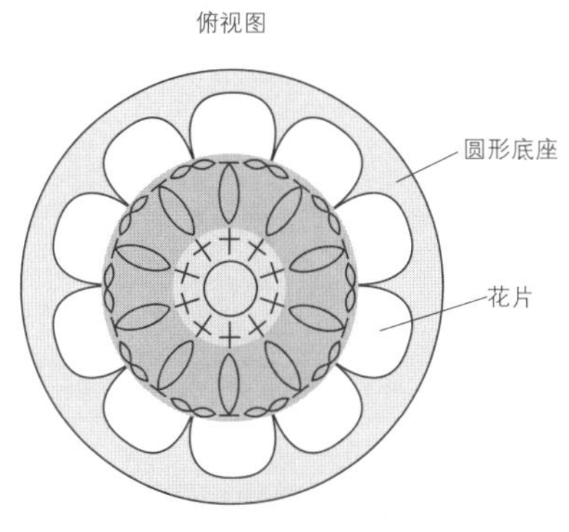

※花片放在圆形底座的上面，
然后把四周缝好

作品B

俯视图

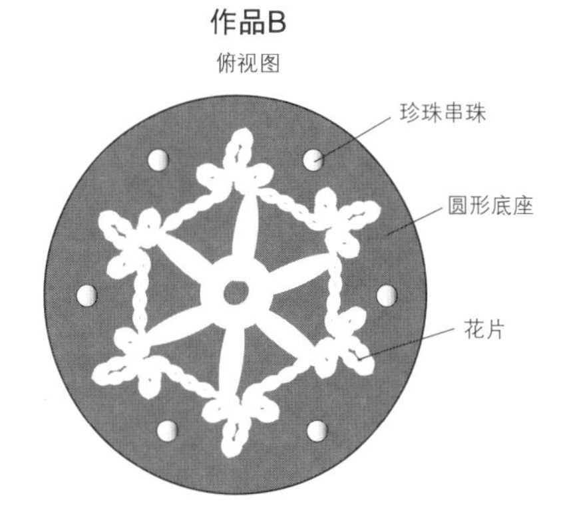

※把花片和珍珠串珠放在圆形底座
的上面，然后缝好

组合方法

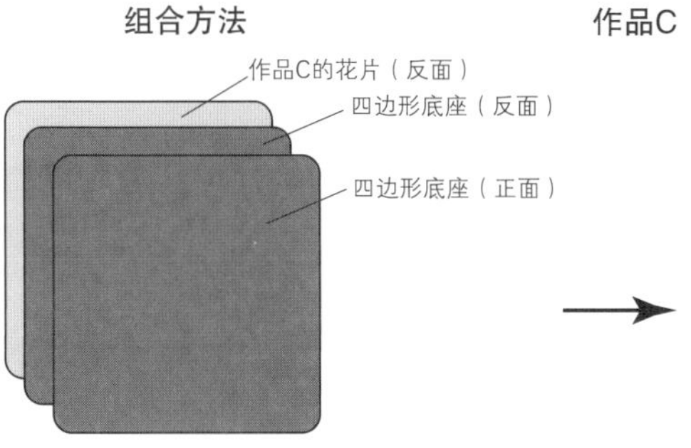

※把2片四边形底座和作品C的花片按照图中所示
方法重叠，然后分别挑起外侧的半针，用蓝色线
做卷针缝缝合

作品C

俯视图

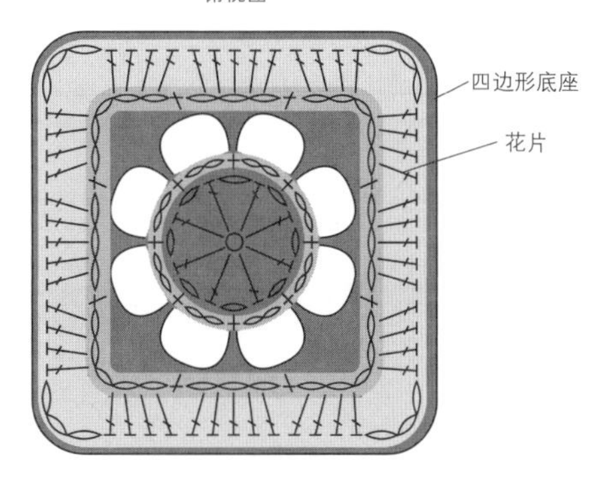

‖ p. 27 ‖ **蓝白小花钩针收纳包** 花片 9

＊使用材料

和麻纳卡 纯毛中细线 藏青色（19）40g、原白色（1）35g

＊使用钩针

钩针 3/0 号

＊成品尺寸

10cm×10cm 面积内：编织花样 27.5 针，13.5 行

花片最长处 2.8cm

＊编织要点

- 主体内层编织 69 针锁针起针，编织 1 行编织花样。第 2~8 行前后分开编织成双层，然后在第 9 行的指定位置重叠编织到一起。一直编织到第 27 行，然后再编织 1 行边缘编织 A。
- 主体的外层按照花片连接的方法编织。花片编织 6 针锁针起针后连成环，然后参照图示一边进行配色编织，一边编织 2 行。从第 2 片花片开始要在第 2 行与上一片花片连接到一起，一共需要编织 72 片。
- 把主体内层沿着山折线向内侧翻折，与主体外侧的正面重合，然后四周编织 1 行边缘编织 B。
- 装饰部分是先编织 6 针锁针起针连成环，然后编织 2 行配色编织。
- 参照成品图，细绳用罗纹绳编织，然后固定在指定的位置，并且在细绳的前部缝上装饰。最后把主体的内层与外层交叉缝到一起。

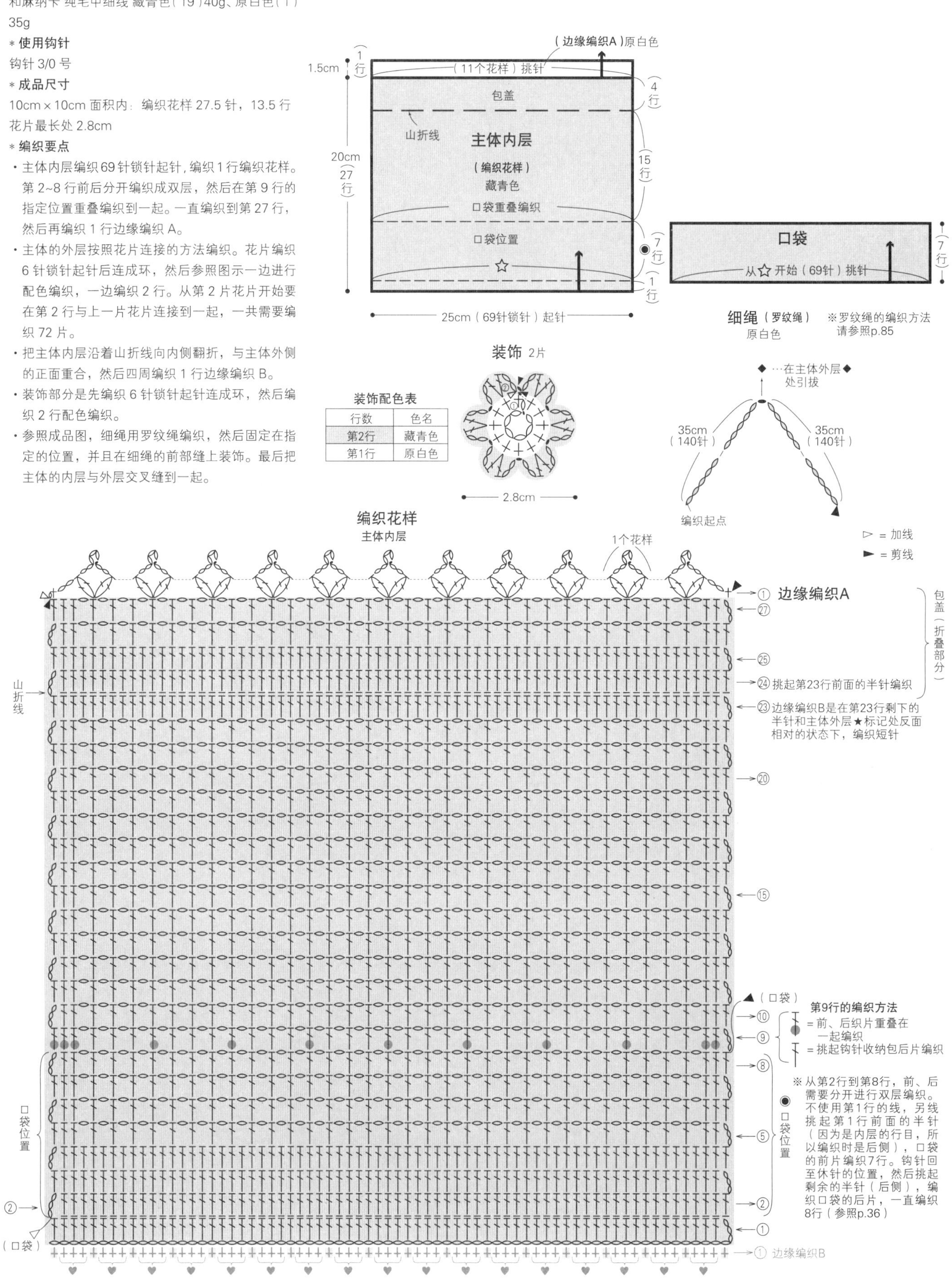

行数	色名
第2行	藏青色
第1行	原白色

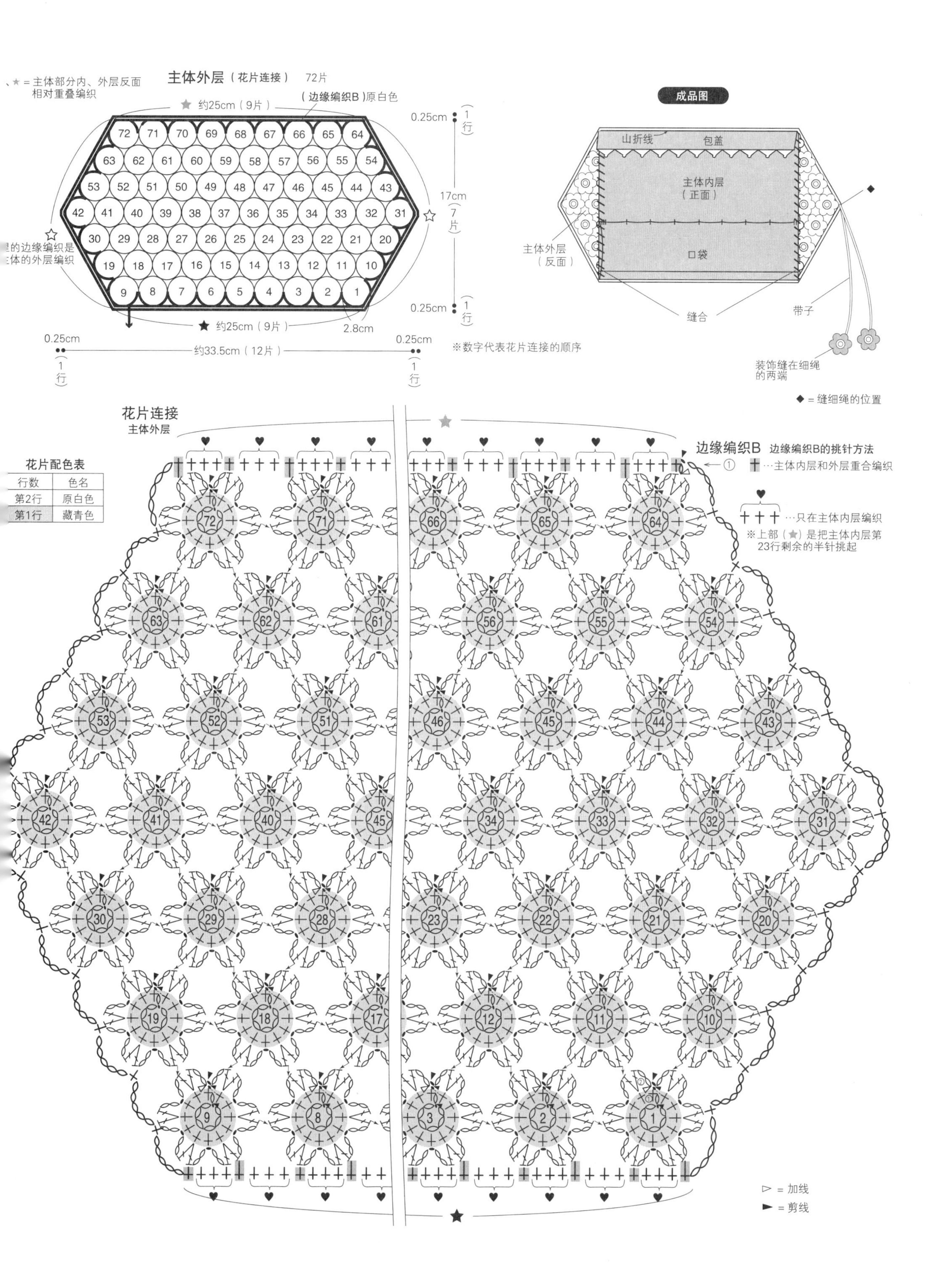

花片配色表

行数	色名
第2行	原白色
第1行	藏青色

‖ p. 24 ‖ **四边形花片盖布** 花片 19

＊**使用材料**

达摩手编线 Cotton& 亚麻 Large 米色（2）45g

＊**使用钩针**

钩针 4/0 号

＊**成品尺寸**

38cm × 38cm

＊**编织密度**

花片大小 9.5cm × 9.5cm

＊**编织要点**

・花片线头环形起针，如图所示编织 5 行。从第 2 片花片开始在第 5 行与上一片花片连接到一起。一共需要编织 16 片花片。

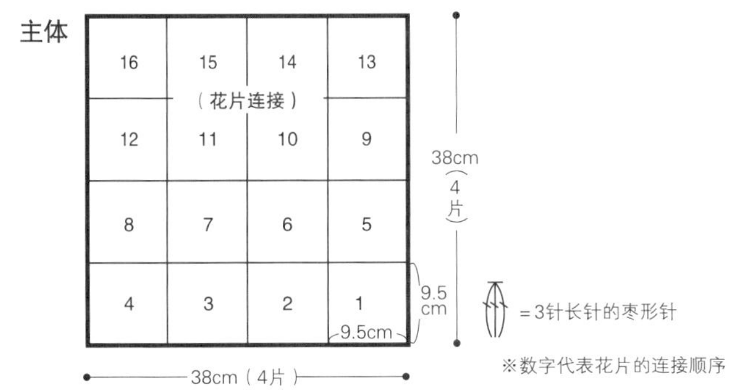

‖ p. 33 ‖ 小花图案莫比乌斯环披肩 图案 5

＊使用材料

RICH MORE Bacara Epoch 粉色系（253）330g

＊使用钩针

钩针 7/0 号

＊成品尺寸

宽 35cm、长 124cm

＊编织密度

10cm×10cm 面积内：编织花样 4.5 个花样，7 行

＊编织要点

・参照示意图起针编织，扭成环形。在起针的两侧编织 11 行编织花样。编织 1 行边缘编织。（参照 p.38）

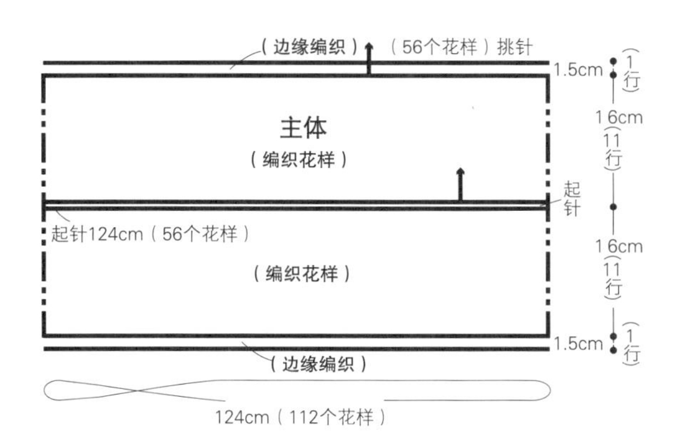

成品图

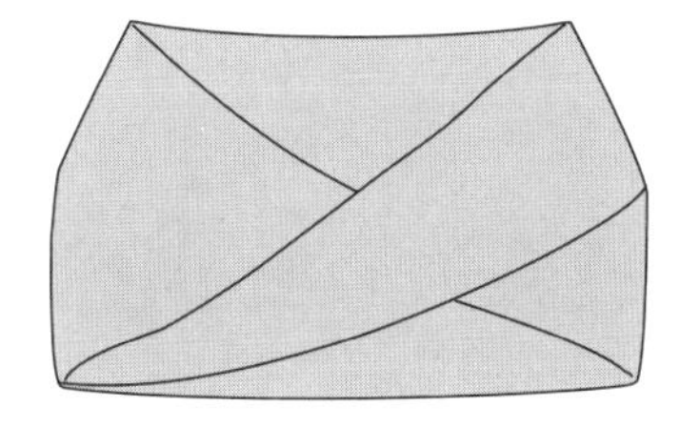

► = 剪线

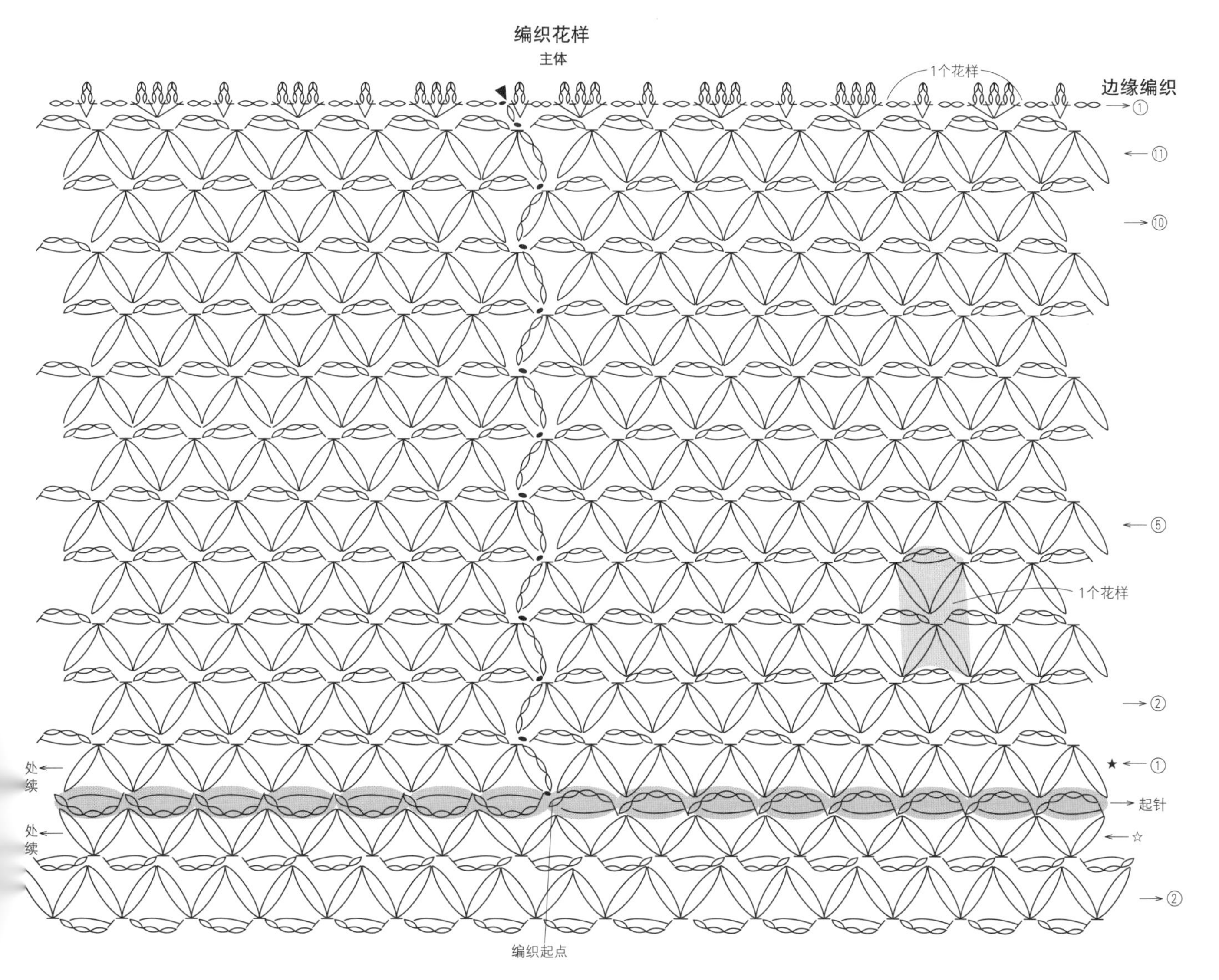

|| p. 30 ||

花朵图案午餐包 图案2

＊使用材料

达摩手编线 Merino Style 粗线 粉色（105）65g，米色（102）20g，灰色（104）6g

使用钩针

钩针 5/0 号

成品尺寸

宽 27.5cm、深 15.5cm（不含把手）

编织密度

10cm × 10cm 面积内：短针的条纹针配色花样 24 针，21 行

＊**编织要点**

- 底部编织 27 针锁针起针，参照图示加针的同时，环形编织 13 行短针的条纹针。为了能够与主体的配色花样部分和厚度保持一致，同时用米色线包裹着编织。剪线之后，主体用短针的条纹针无加减针编织 33 行配色花样。
- 提手部分，先编织 60 针锁针起针，然后编织 9 行短针，最后将起针和最终行的针目用卷针缝缝到一起。
- 参照成品图，把提手缝在主体的内侧。

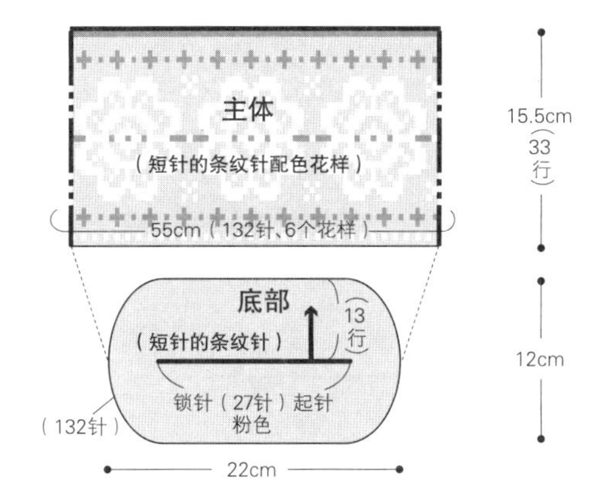

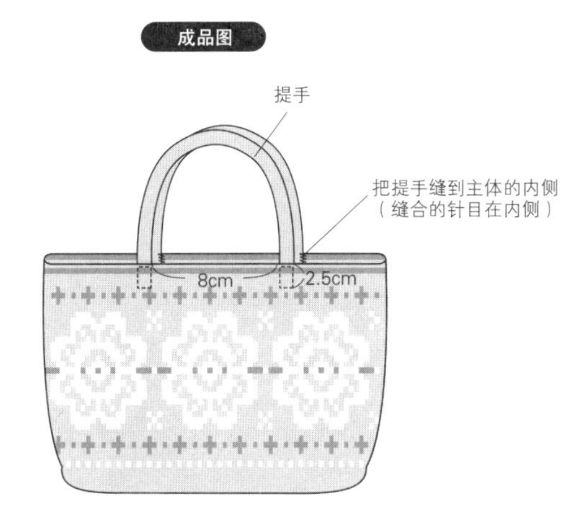

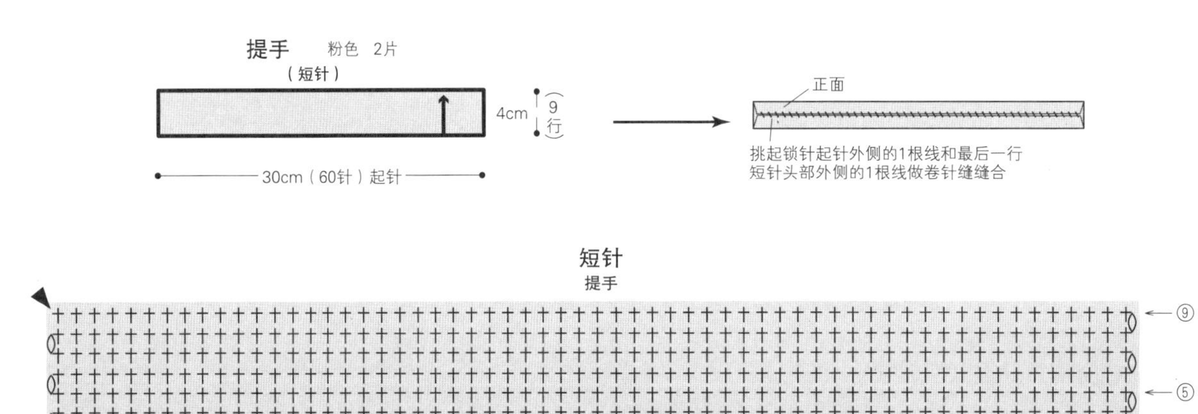

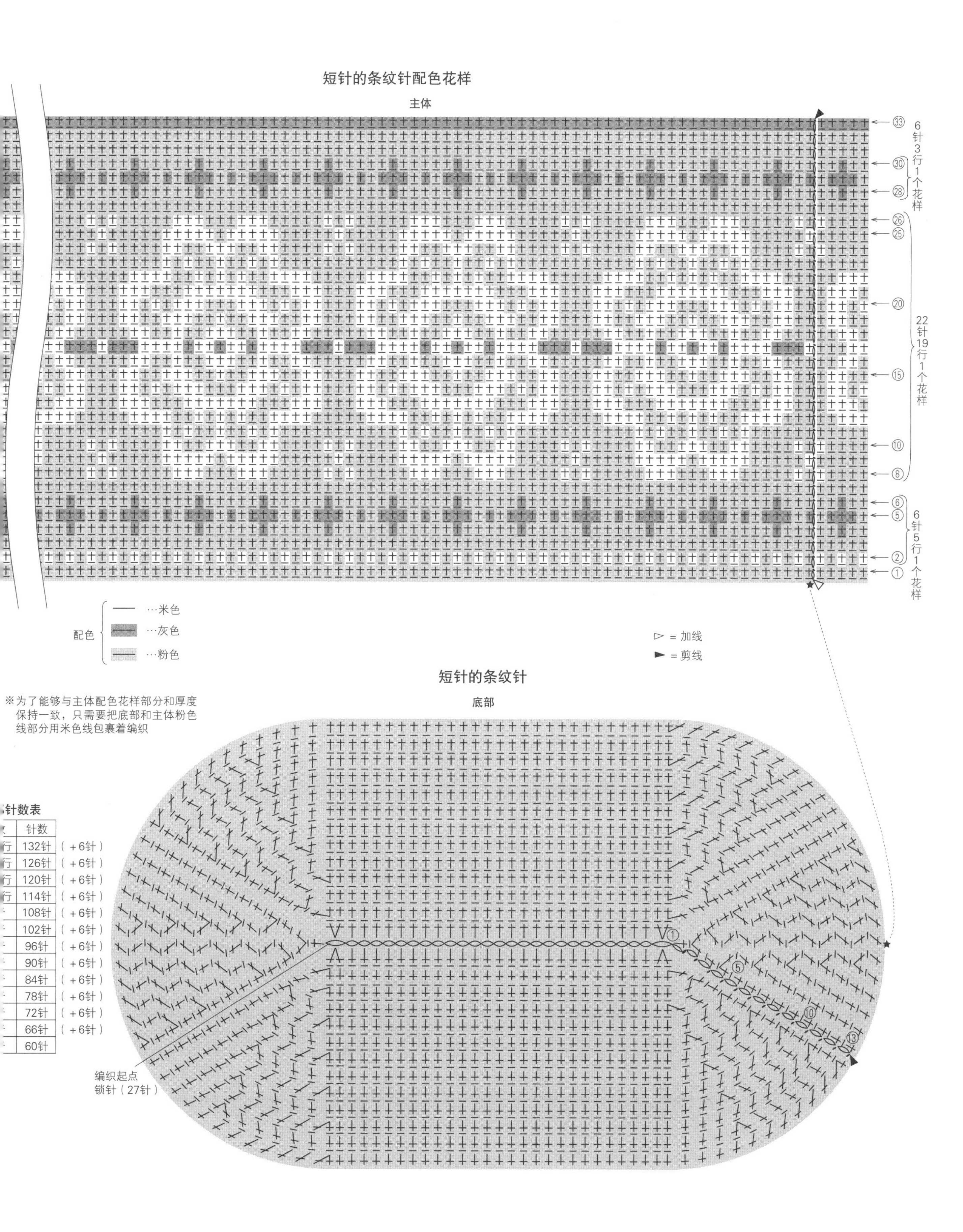

针数表

	针数	
行	132针	（＋6针）
行	126针	（＋6针）
行	120针	（＋6针）
行	114针	（＋6针）
	108针	（＋6针）
	102针	（＋6针）
	96针	（＋6针）
	90针	（＋6针）
	84针	（＋6针）
	78针	（＋6针）
	72针	（＋6针）
	66针	（＋6针）
	60针	

树叶图案保温罩 图案3

＊使用材料

芭贝 Shetland 草绿色（48）50g，灰色（34）、原白色（50）各 15g

＊使用钩针

钩针 6/0 号

＊成品尺寸

宽 17cm、长 26.5cm

＊编织密度

10cm×10cm 面积内：短针的条纹针配色花样 21 针，18 行

＊编织要点

- 底部编织 31 针锁针起针，然后参照图示加针的同时，环形编织 2 行短针的条纹针。然后，主体无加减针编织短针的条纹针配色花样，要编织 37 行，编织 6 行边缘编织。
- 细绳编织锁针，穿过边缘编织的第 1 行。
- 细绳装饰按照图中所示进行编织，然后缝到细绳的两端。

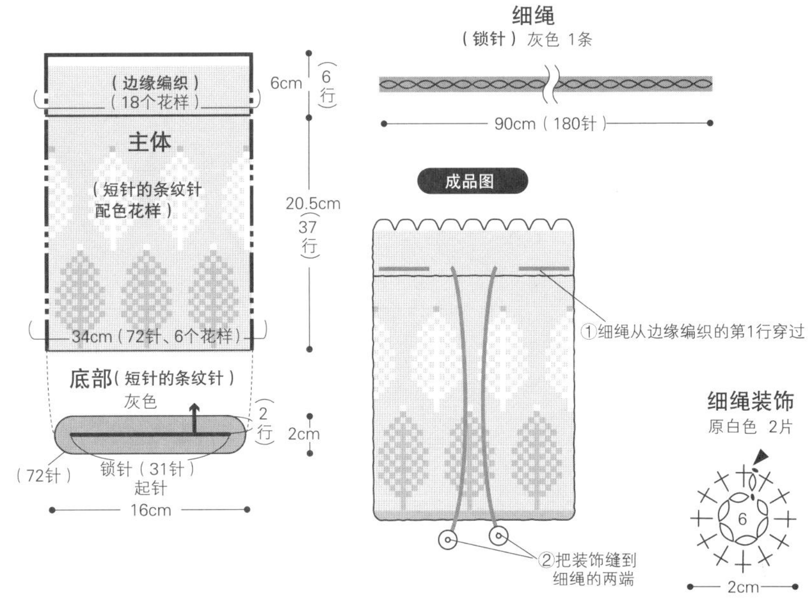

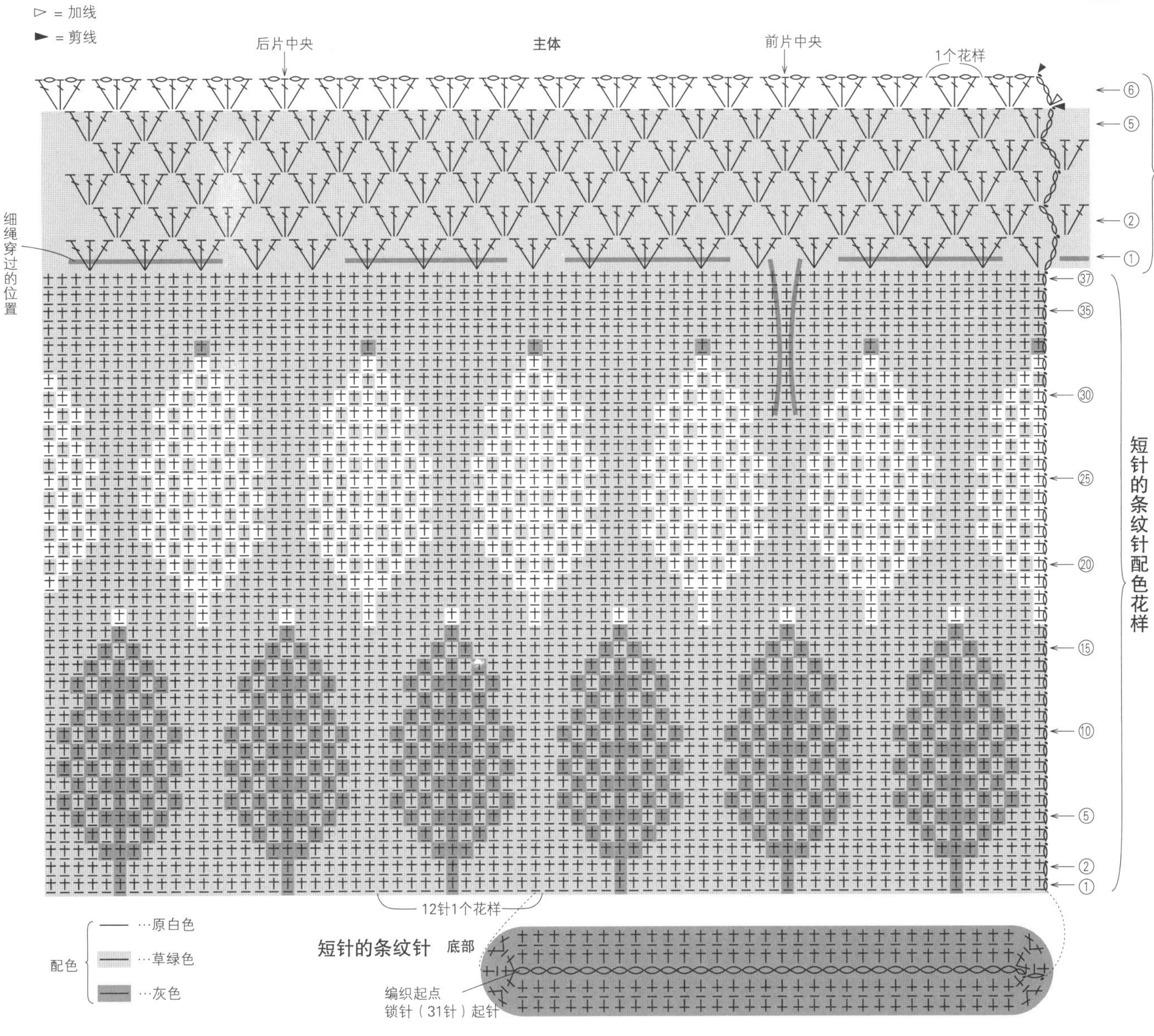

‖ p. 34 ‖ **斗篷和罩裙** 图案 6

＊使用材料

达摩手编线 接近原羊毛线的美利奴羊毛线 蓝色（5）140g，原白色（1）5g

＊使用钩针

钩针 7/0 号

＊成品尺寸

裙摆周长 120cm、裙长 32.5cm

＊编织密度

1 个花样（起针侧）约 4cm，8 行 10cm

＊编织要点

- 主体部分编织 181 针锁针起针开始编织，分散加针编织 24 行编织花样，然后使用原白色线编织 1 行边缘编织。
- 带子部分编织 25 针锁针，然后从起针的另外一侧挑起 136 针编织短针，之后再编织 25 针锁针。从第 2 行开始编织 6 行短针。

120cm
（边缘编织）原白色 参照图示
0.5cm（1 行）
主体
（编织花样）
蓝色
分散加针 参照图示
30cm（24 行）
13cm（25针）
（181针锁针、22.5个花样）起针
13cm（25针）
80cm（136针）挑针
2cm（6 行）
（短针）蓝色

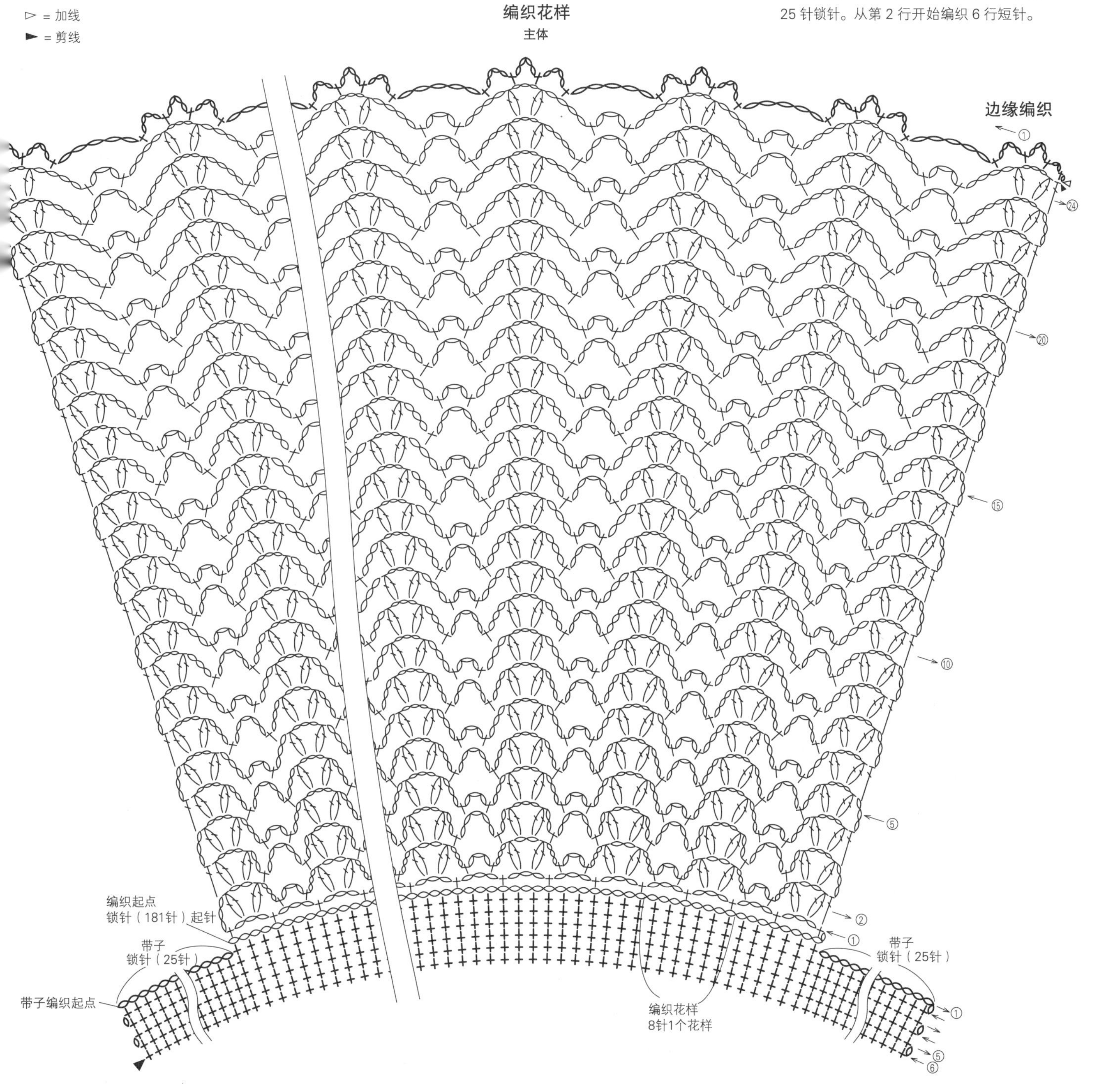

‖ p. 32 ‖ 枣形针花样贝雷帽 图案4 和花片22

＊**使用材料**

和麻纳卡 Alpaca Mohair Fine 原白色（1）60g

使用钩针

钩针 7/0 号

成品尺寸

头围 50cm，帽深 23.5cm

编织密度

编织花样 1 个花样 7.25cm，10cm 9 行

＊**编织要点**

- 线头环形起针，如图所示一边分散加减针一边编织 19 行。再编织 7 行短针。

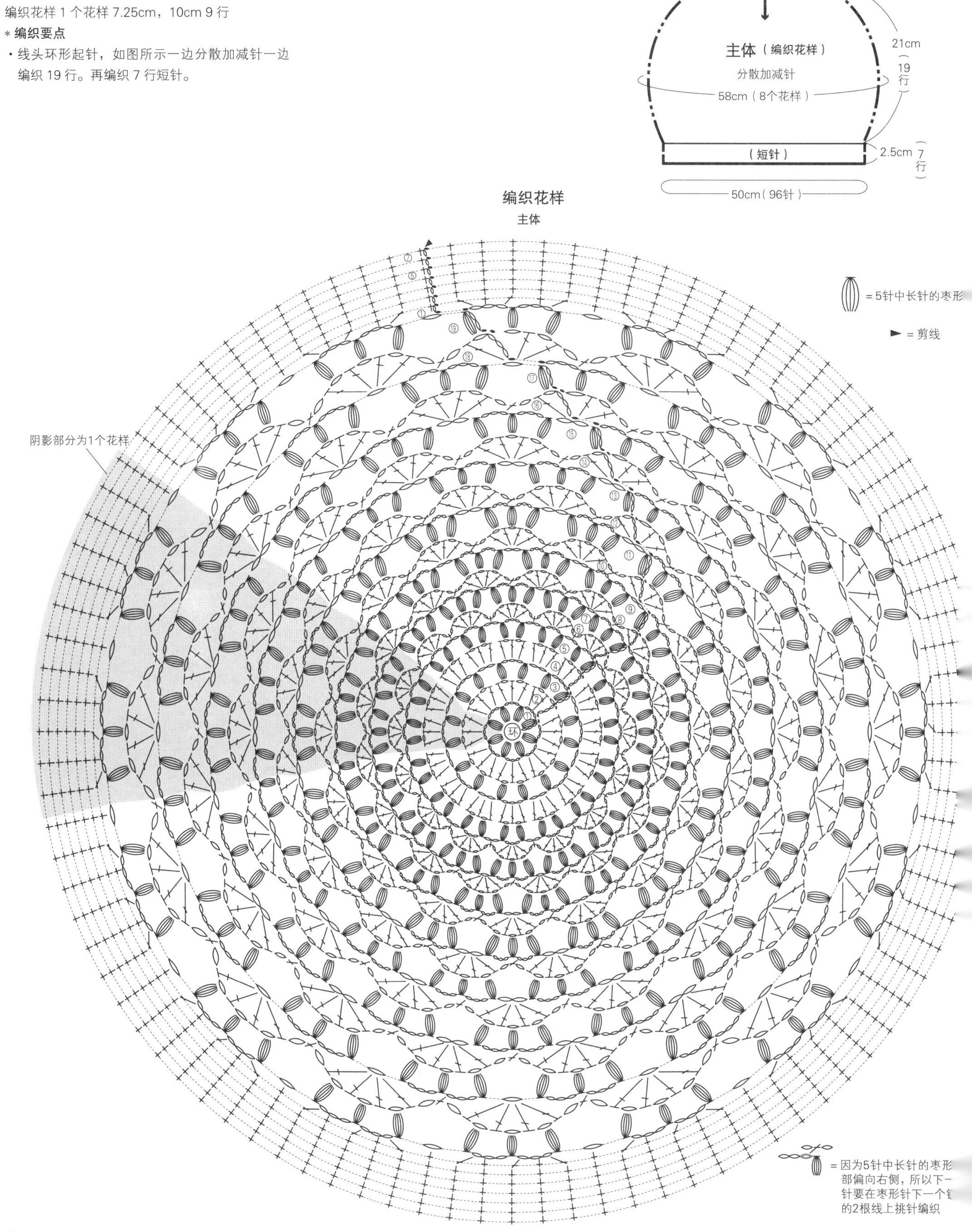

‖ p. 32 ‖

枣形针花样护腕 图案4

＊**使用材料**

达摩手编线 Cotton & 亚麻 Large 米色（2）70g

＊**使用钩针**

钩针 5/0 号

＊**成品尺寸**

手掌围 20cm、长 32cm

＊**编织密度**

10cm × 10cm 面积内：编织花样 24 针，10 行

＊**编织要点**

・编织 48 针锁针起针后连成环，编织 32 行编织花样。第 29 行拇指位置的编织方法与其他地方不同，在编织的时候要注意。然后再编织 1 行边缘编织。

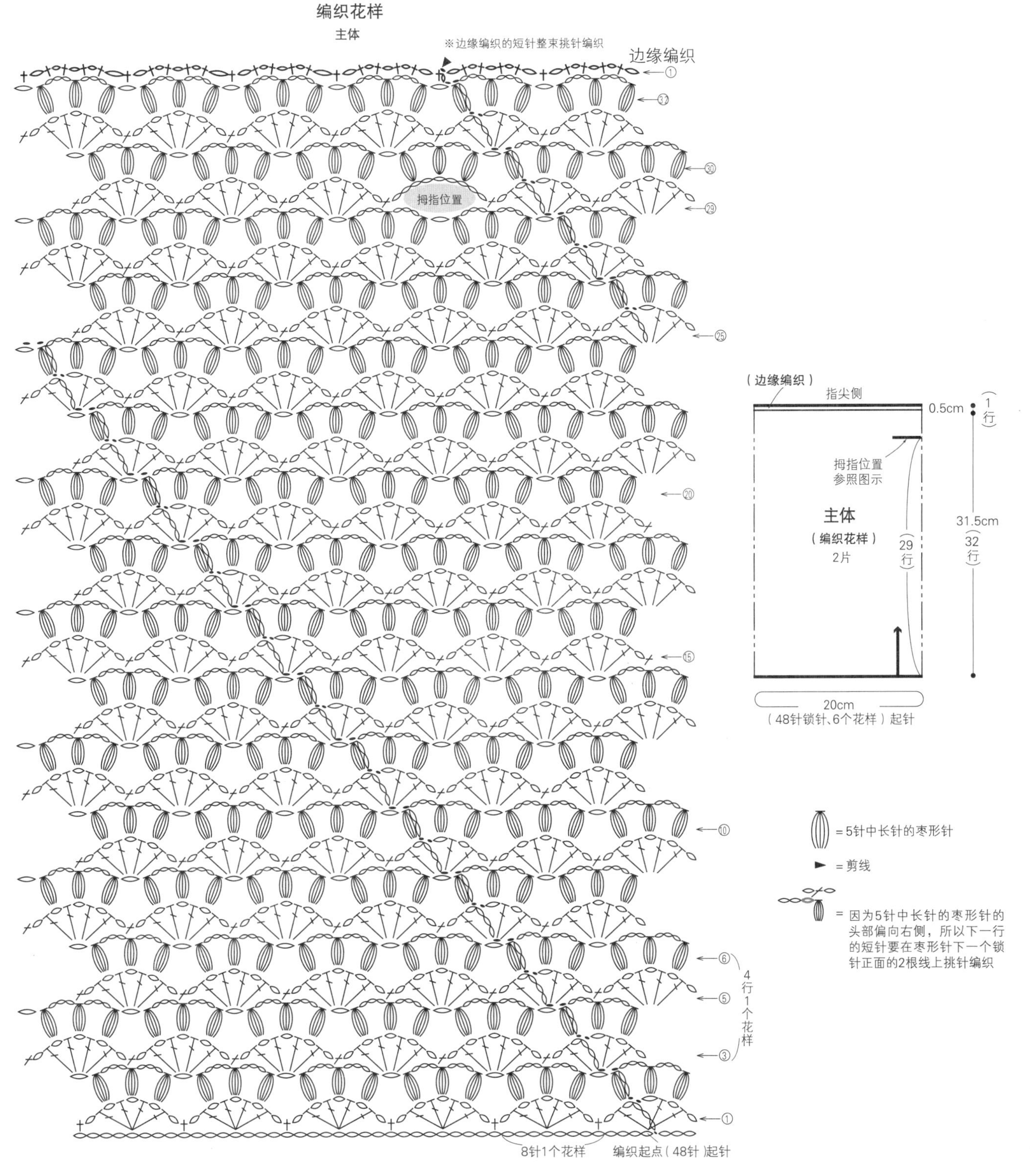

‖ p. 35 ‖ **束腰长款背心裙** 图案7、8

＊使用材料

RICH MORE Bacara Pur Fine 灰色（306）255g；宽7mm的丝带约2m

＊使用钩针

钩针5/0号

＊成品尺寸

胸围94cm、衣长71cm

＊编织密度

10cm×10cm面积内：编织花样A 27.5针，12.5行；编织花样B 约6个花样，11行

＊编织要点

- 前、后身片分别编织129针锁针起针，编织42行编织花样A。从起针的另一侧挑针，编织4行编织花样B，然后再编织36行编织花样B'。
- 把前、后身片对齐，然后在肩部和胁部编织短针的锁针缝合。
- 领窝、袖口分别编织1行边缘编织A。
- 裙摆处编织1行边缘编织B。
- 丝带从编织花样A的第1行中穿过。

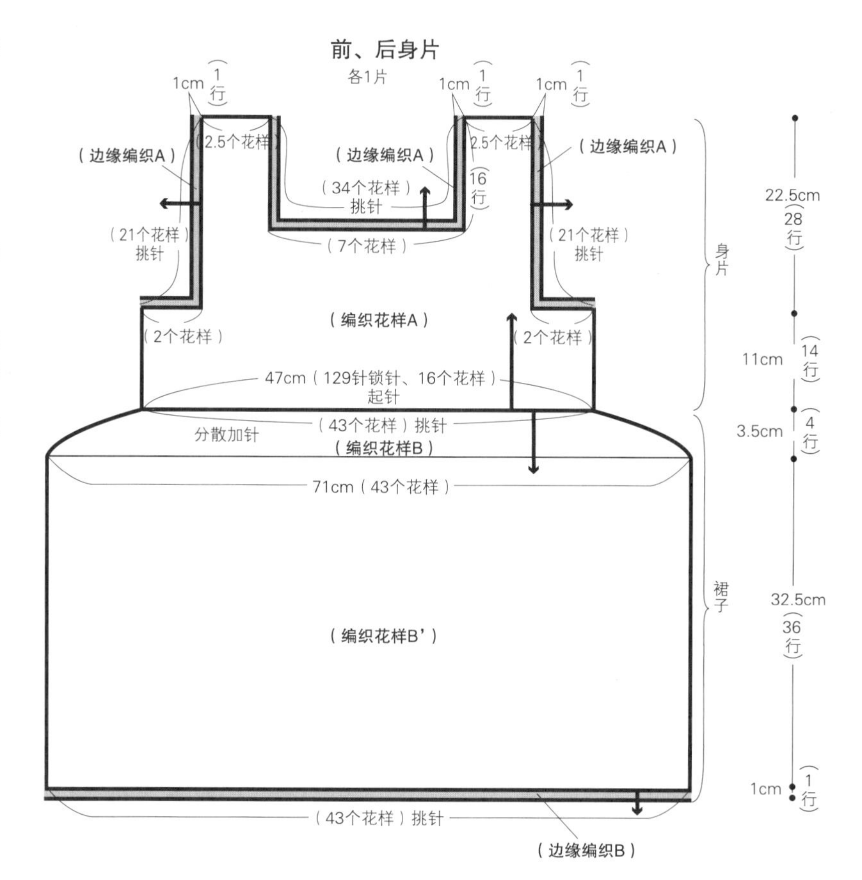

成品图

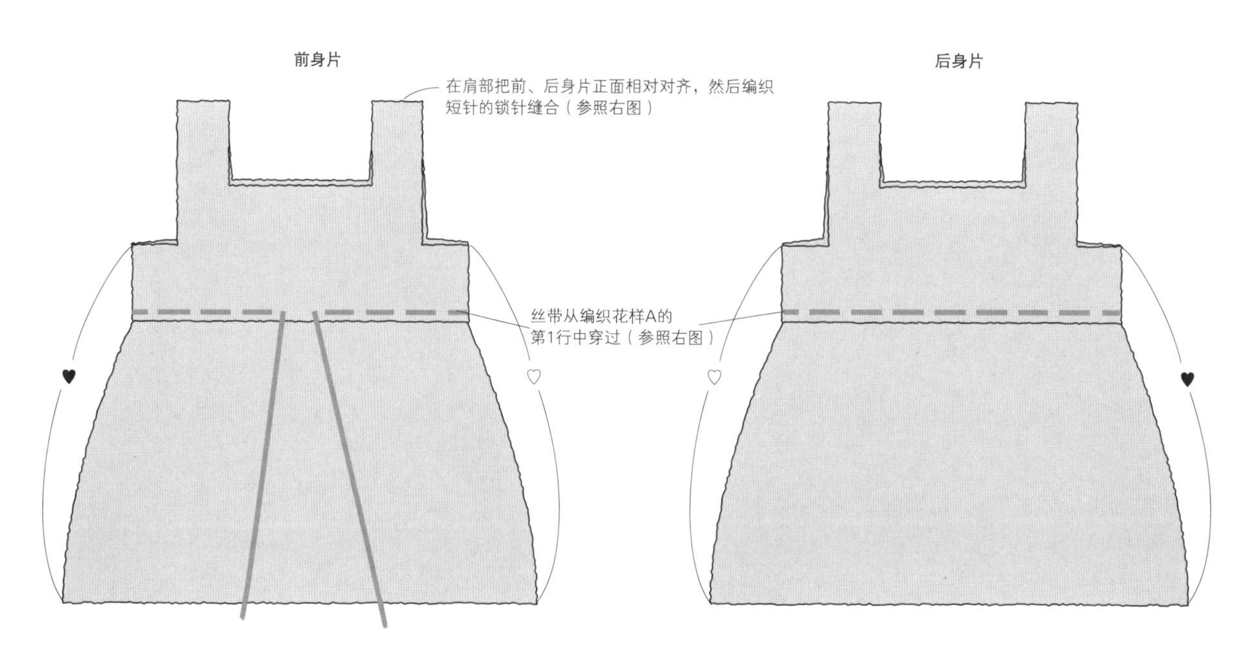

胁部的缝合方法（编织短针的锁针缝合）

※前、后身片的标记部分对齐，编织短针的锁针缝合

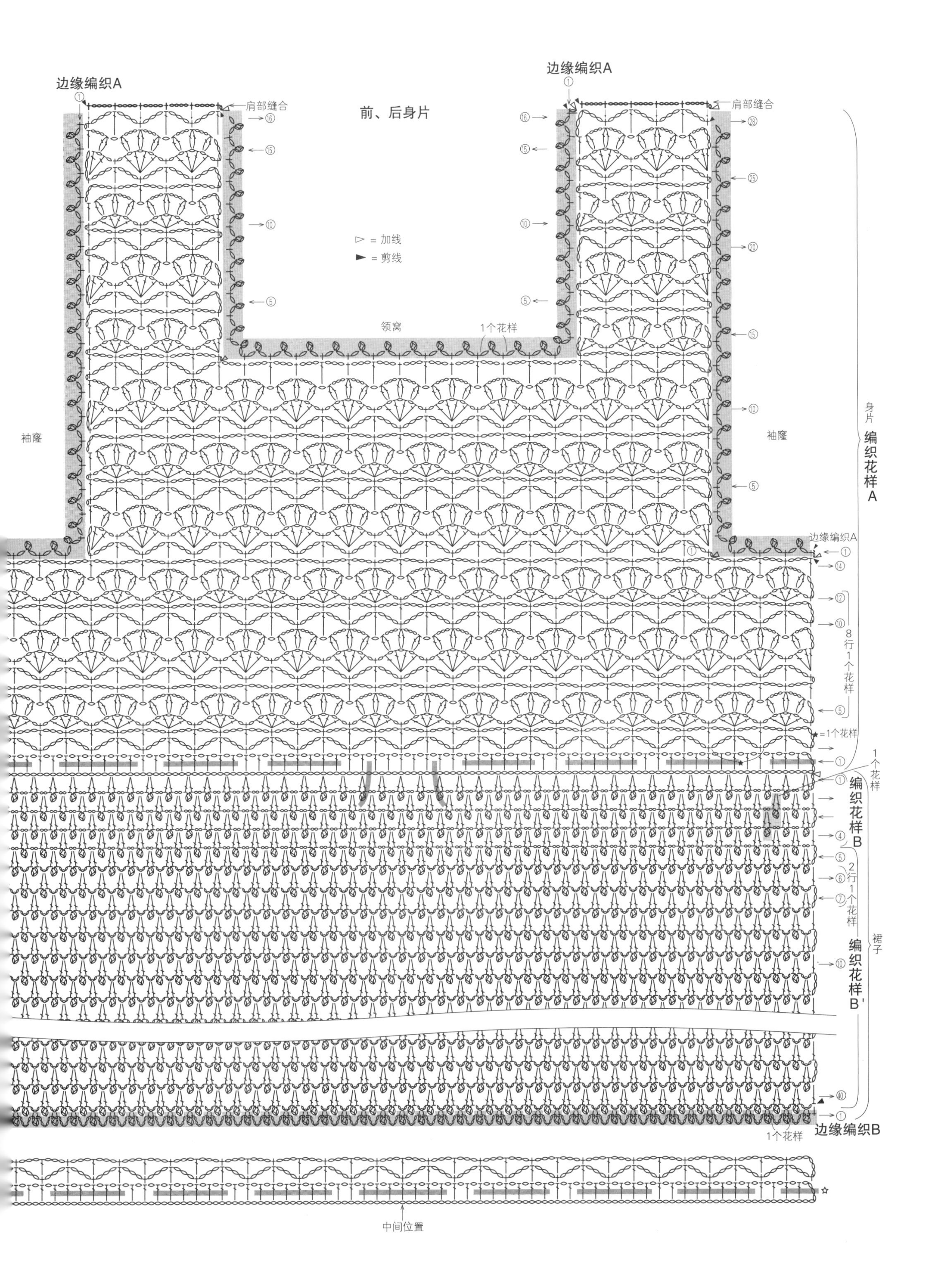

边缘编织A
肩部缝合
前、后身片
边缘编织A
肩部缝合
▷ = 加线
▶ = 剪线
领窝
1个花样
袖窿
袖窿
身片
编织花样A
边缘编织A
8行1个花样
=1个花样
1个花样
编织花样B
2行1个花样
裙子
编织花样B'
边缘编织B
1个花样
中间位置

Basic Technique Guide

钩针编织基础

[编织起点（起针）]

[线头环形起针]

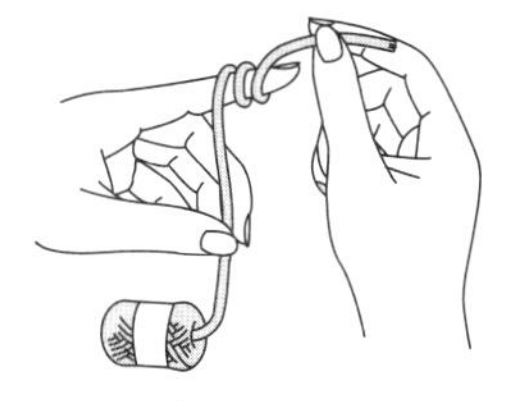

1 毛线在左手的食指上缠绕2圈。

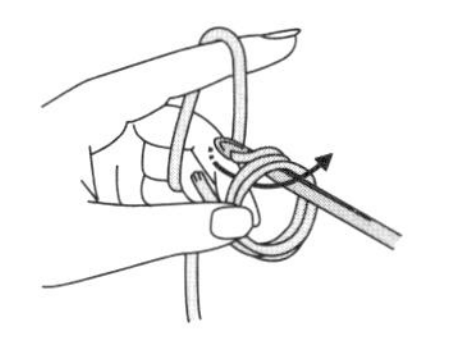

2 尽量让2圈线保持原状，用左手捏着，然后从环的中间入针，将线拉出。

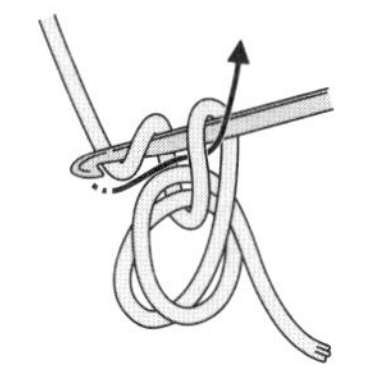

3 针上挂线后引拔。

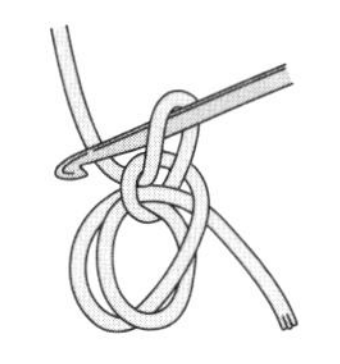

4 这样就完成了起针环(这一针不计入针数)。

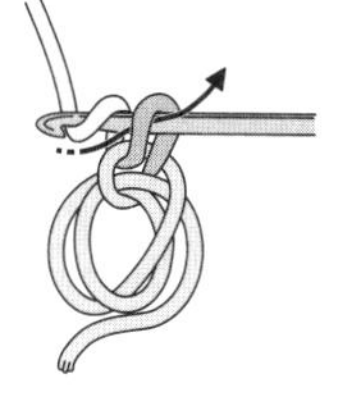

5 第1行编织立织的锁针。

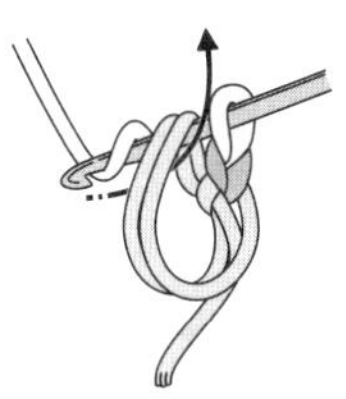

6 从起针环中间入针后将线拉出。

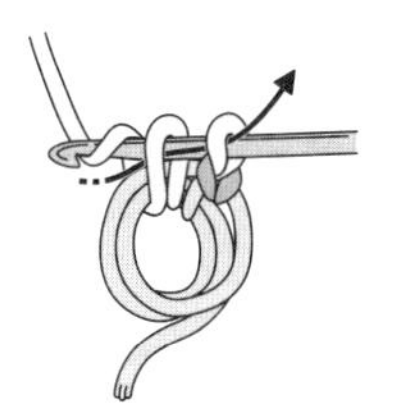

7 针上挂线引拔，编织短针。

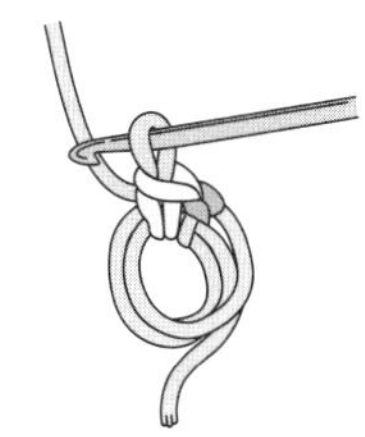

8 编织1针短针。按照同样的编织要领继续编织。

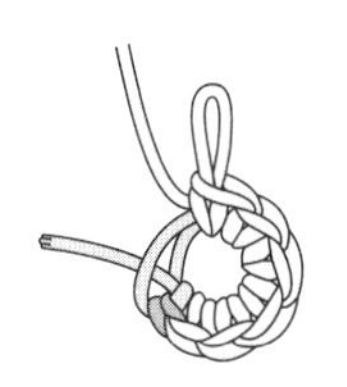

9 第1行编织6针短针后的样子。

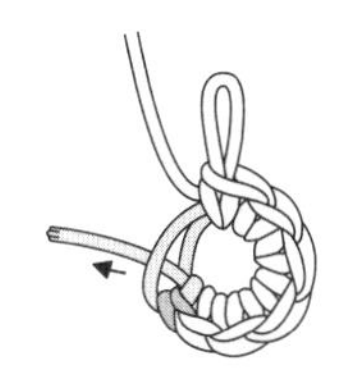

10 第1行编织6针后，把中间的环拉紧。稍微拉动线头的话，环的2根线中靠近线头的1根会活动。

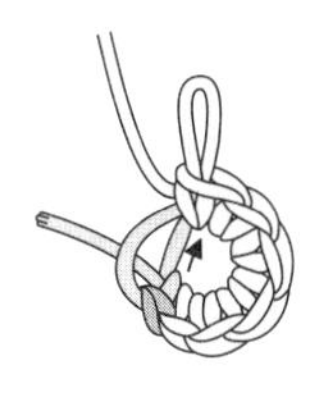

11 拉紧可活动的线，距离线头较远的环也会收缩（可活动的线一侧的环还保留）。

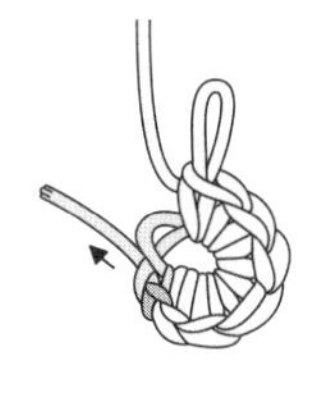

12 拉动线头，靠近线头位置的环也能收缩。

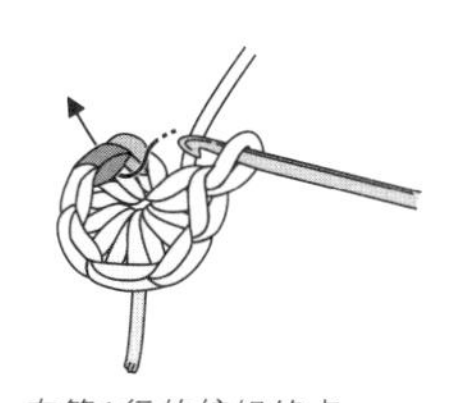

13 在第1行的编织终点处挑起第1针短针头部的2根线入针。

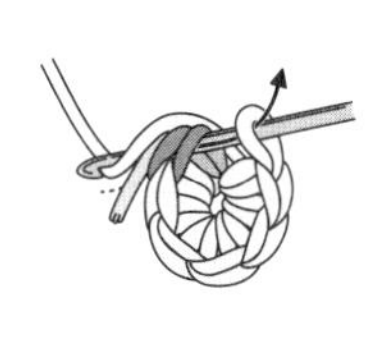

14 针上挂线引拔。

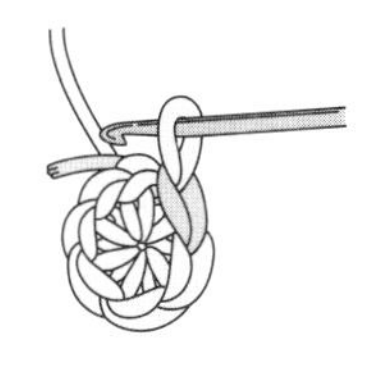

15 第1行编织完成。

[锁针环形起针]

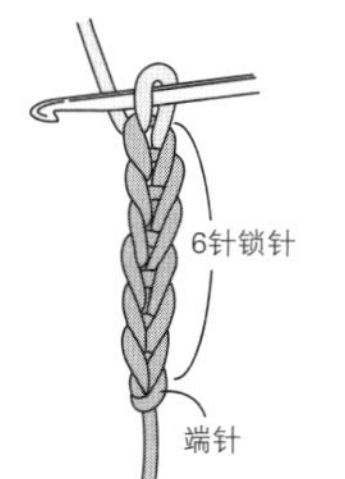

1 编织必要针数的锁针（这里是6针）。

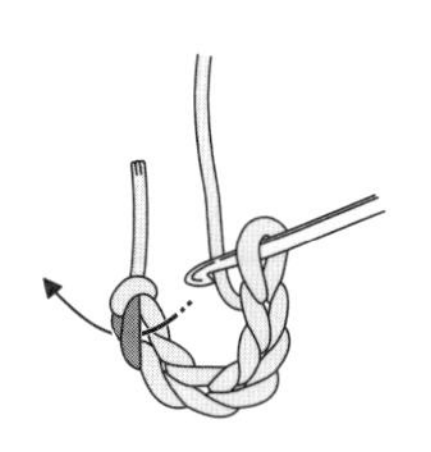

2 从锁针的第1针中引拔。

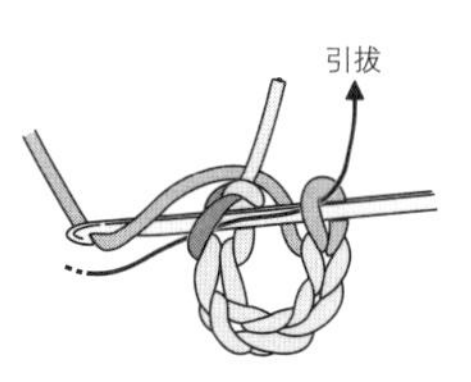

3 挑起锁针的半针和里山，针上挂线引拔。

4 锁针连成了环。

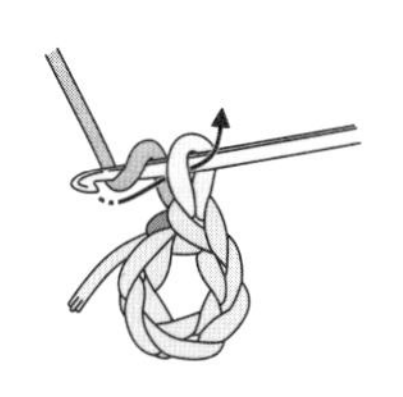

5 接着编织立织的锁针。

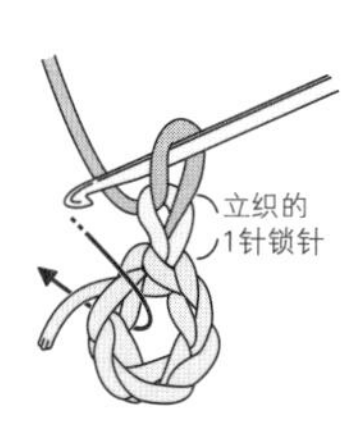

6 在环中入针，和线头一起挑起编织第1行。

[针法符号和编织方法]

[锁针]

是最基本的一种编织针法。
可作为编织其他针目时的起针（基础针）使用。

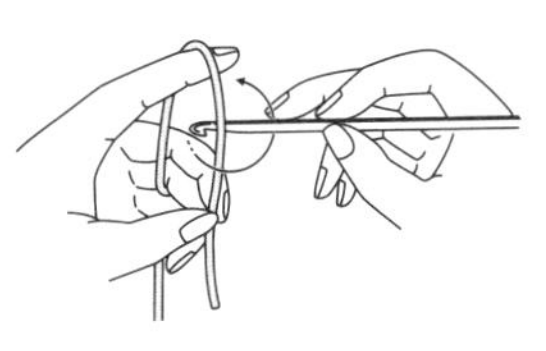

1 预留出约10cm长的线，钩针放在线的后面，旋转钩针把线绕上。

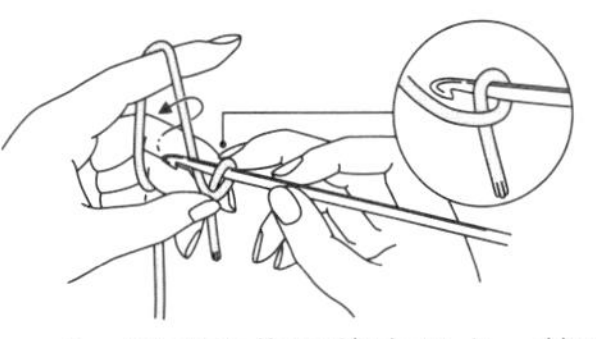

2 用手捏住毛线交叉点，按照箭头所示转动钩针挂线。

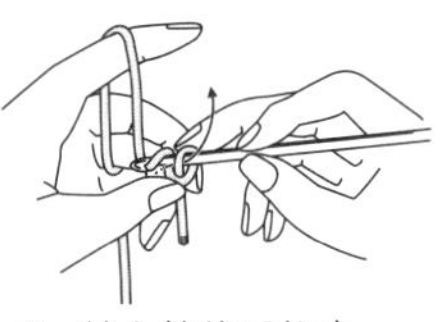

3 针上挂线后拉出。

4 拉动线头收紧环。这是开始的针目，不计入针数。

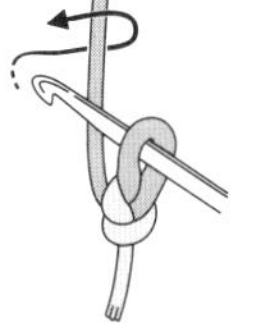

5 如图所示，针上挂线从线圈中拉出。

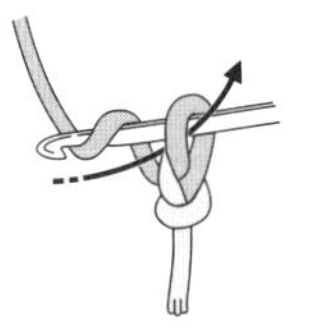

6 针上挂线，从线圈中拉出。

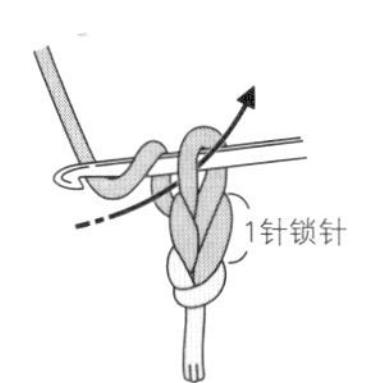

7 钩针所在线圈下面就完成了1针锁针的编织。然后继续针上挂线、拉出。

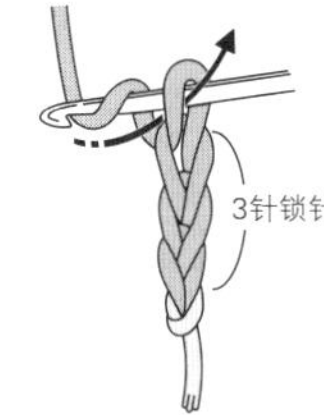

8 编织3针锁针后的样子。按照相同的编织要领继续编织即可。

[引拔针]

是一种起辅助作用的编织方法，也可以在连接针目和针目时使用。

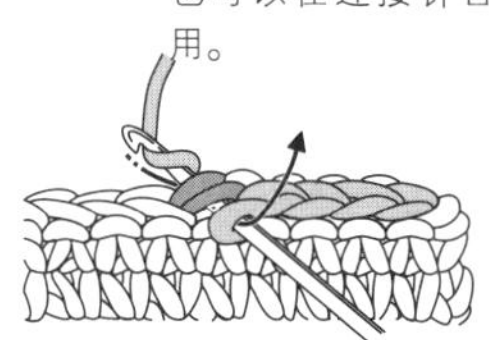

针上挂线后引拔。

* 锁针的挑针方法

· 锁针里山的挑针方法

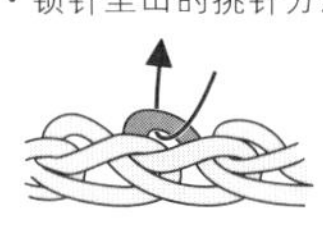

在不影响锁针原本形状的前提下挑针。

· 锁针半针和里山的挑针方法

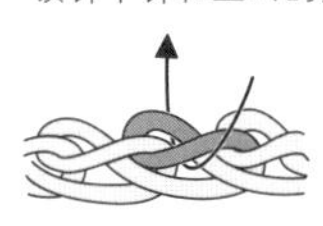

易挑起且看起来较平稳地完成。

* 编织起点处锁针的解开方法

刚把第1行编织完又发现起针的针数不够，但因为是用锁针起针的，所以即使有这样的问题也不能再把针数补足了。为了避免这种情况的发生，在最开始的时候就要多编织出几针以防万一。

1 锁针的编织起点。

2 把与线头相连的线拉出。

3 继续把相连的同一根线拉出。

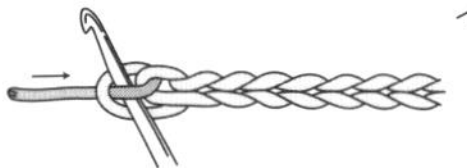

4 插入钩针把线拉出。

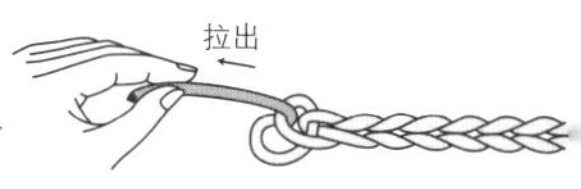

5 拽住线头位置就能够解开锁针了。

*用锁针以外的编织方法起针的时候，如果没有把针目串起来的底针的话是没有办法编织的。
另外，为了保证针目的高度一致，开始编织的时候必须要编织“立织”的锁针。

[短针]

仅“立织”1针锁针时可以不用计算在针数中。

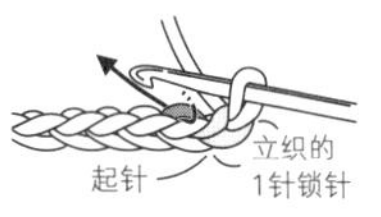

1 编织1针立织的锁针，在起针侧的针目中入针。

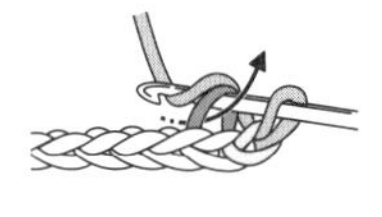

2 针上挂线后拉出。到此称作“未完成的短针”。

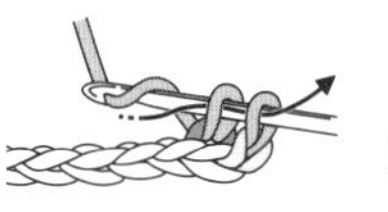

3 针上挂线，一次从2个线圈中引拔出。

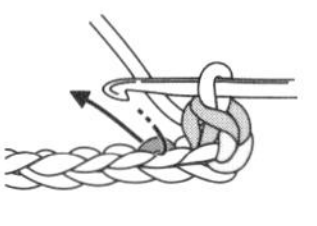

4 编织好1针。

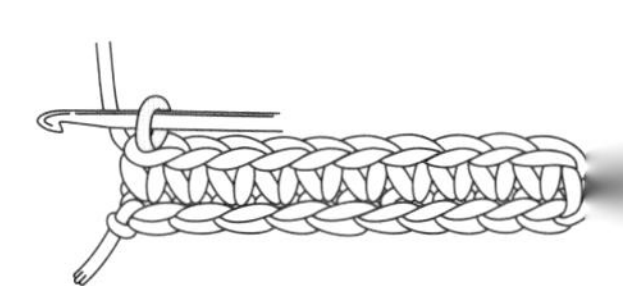

5 按照相同的编织要领继续编织。图中是一共编织好10针后的样子。

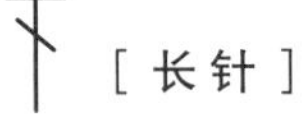

[长针]

“立织”3针锁针，算作编织的1针长针。

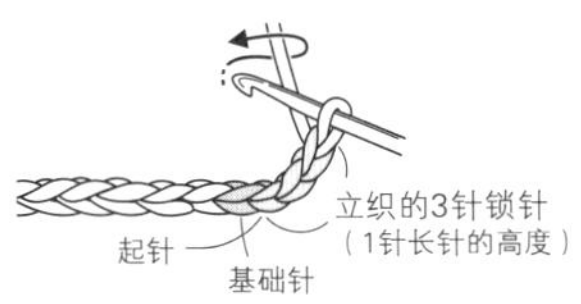

1 立织3针锁针，针上挂线。

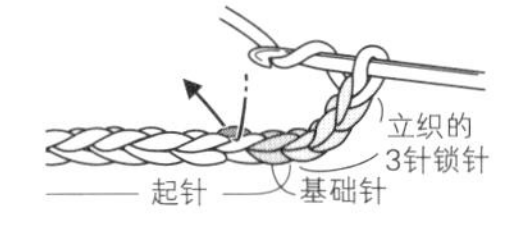

2 立织的3针锁针计为1针，从起针侧的针目开始入针编织第2针。

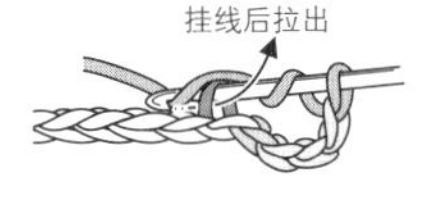

3 针上挂线，将线拉出相当于2针锁针的高度。

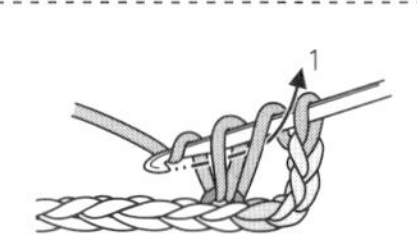

4 针上挂线，一次从2个线圈中引拔出。

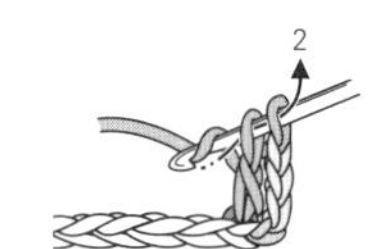

5 这种状态称作“未完成的长针”。再次针上挂线，从剩下的2个线圈中引拔出。

6 完成1针长针。因最开始编织的立针算作第1针，所以此处编织完的是第2针。

7 按照相同的编织要领继续编织。

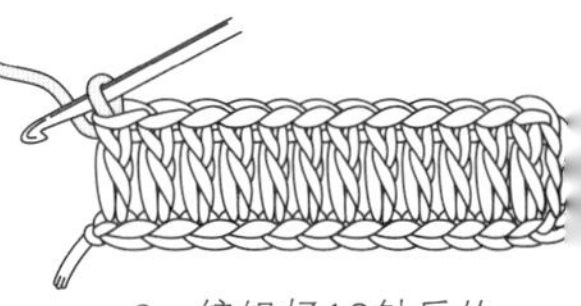

8 编织好13针后的样子。

[中长针]

高度介于短针和长针之间的针法。立织的2针锁针，算作1针中长针。

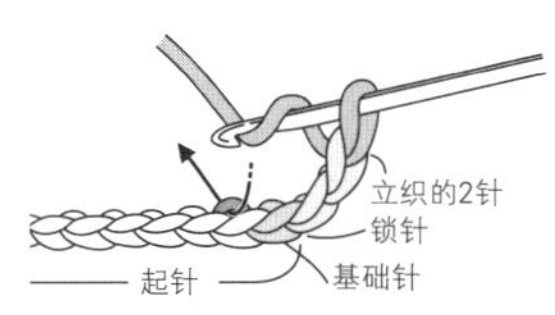

1 立织2针锁针，针上挂线，从起针侧的针目入针编织第2针。

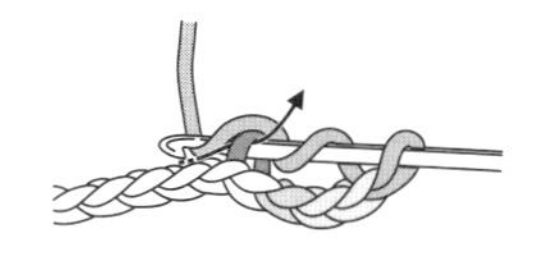

2 针上挂线，将线拉出。

3 将线拉出相当于2针锁针的高度。

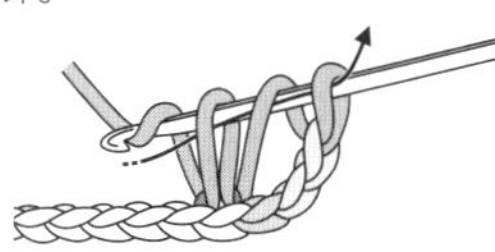

4 这种状态称作“未完成的中长针”。再次针上挂线，一次从3个线圈中引拔出。

5 完成了1针中长针。因最开始编织的立针算作第1针，所以此处编织完的是第2针。

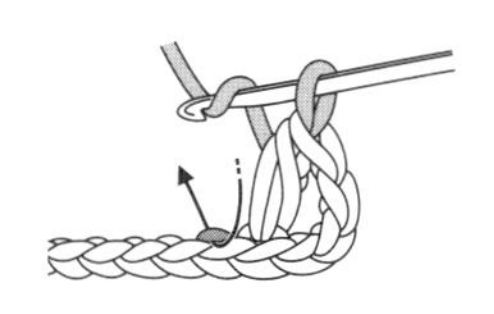

6 按照相同的要领继续编织。

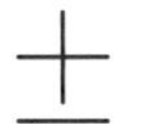

[短针的条纹针]

（环形编织的情况）

环形编织时要一直看着织片的正面，一般都只挑起前一行后侧的半针编织。正前方锁针的半针完成后的形状类似条纹。

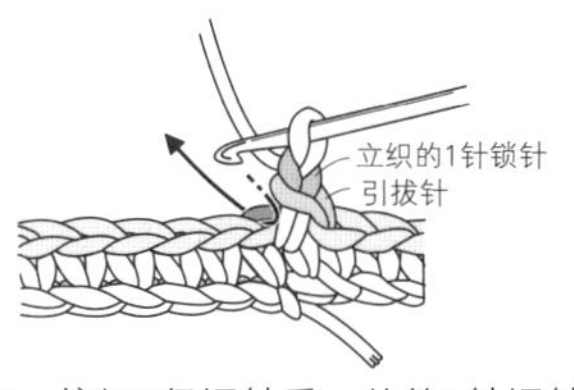

1 编织1行短针后，从第1针短针的头部引拔出。接着编织第2行立织的1针锁针，在前一行第1针短针的头部的后侧半针挑针编织。

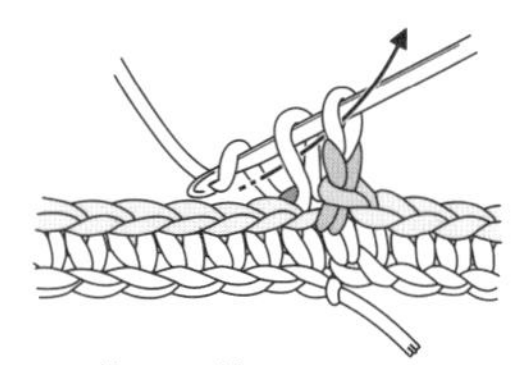

2 编织短针。

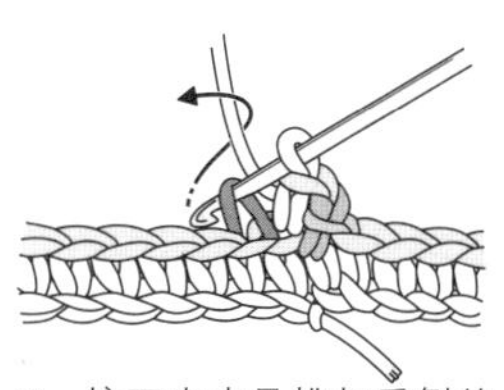

3 接下来也是挑起后侧的半针编织短针。

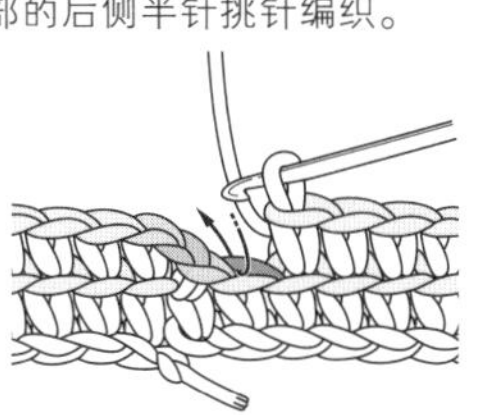

4 按照相同的编织要领，挑起后侧的半针，编织1行短针。

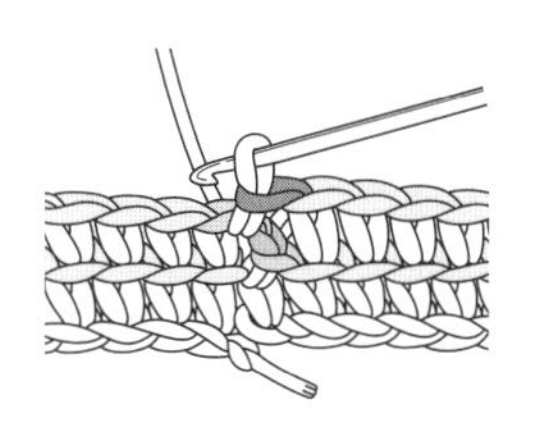

5 第2行的终点处从第1行短针的头部引拔出。

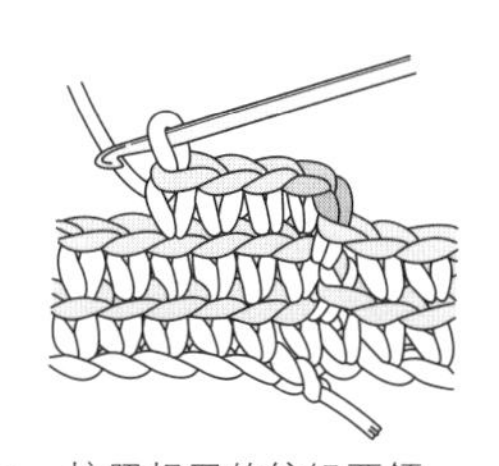

6 按照相同的编织要领，从前一行的后侧半针挑针编织。

[长针的条纹针]

（环形编织的情况）

虽然编织的针目不同，但基本的编织方法是一样的。前面锁针的半针完成后的形状类似条纹。

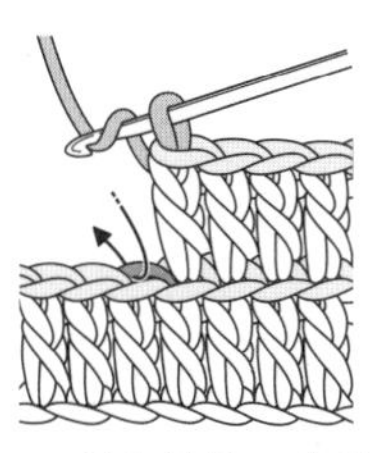

1 针上挂线，在前一行针目头部的后侧半针挑针编织。

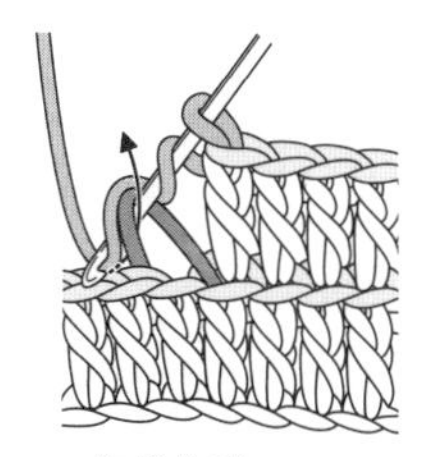

2 将线拉出。

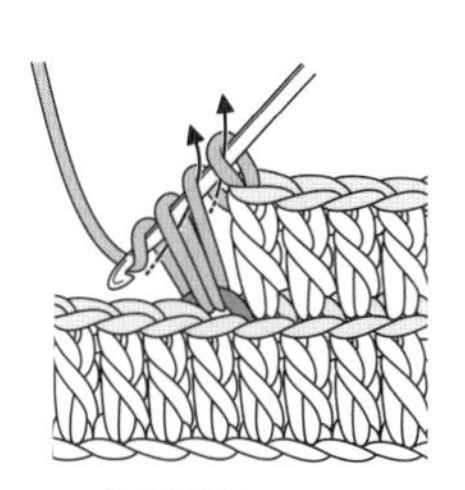

3 编织长针。

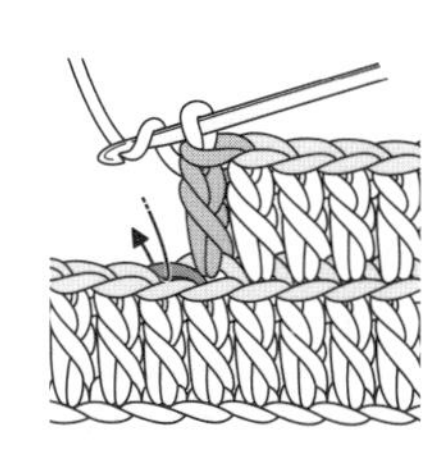

4 按照相同的要领继续编织。

[加针、减针及其他]

每一种编织方法虽然针数不同，但基本的编织方法是相同的。

[1针放2针长针]
（ 从1针中编织 ）

1 编织1针长针，钩针挂线，然后在相同的位置入针。

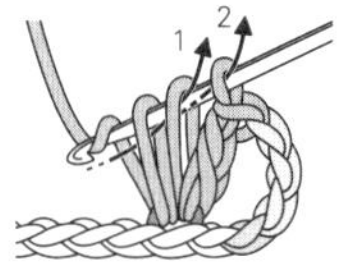

2 再编织1针长针。

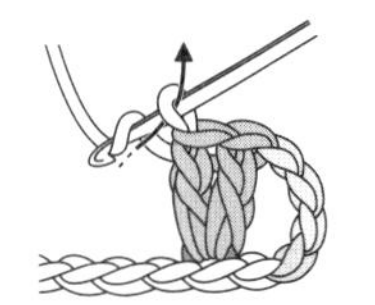

3 1针中编织了2针长针。如果符号图下面闭合，就表示在同一针目里编织。

[1针放2针长针]
（ 整束编织 ）

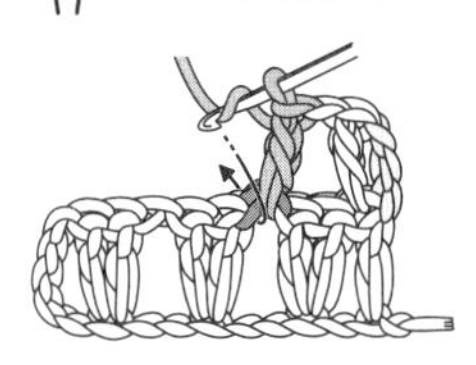

1 把上一行的锁针链全部挑起整束编织长针。在同一位置入针再编织1针。

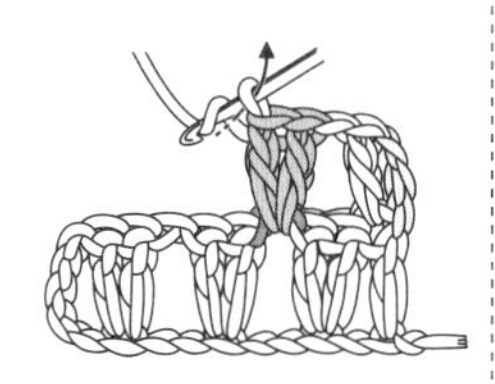

2 1针中编织了2针长针。如果符号图下面开口，就表示把上一行整束挑起编织。

[1针放2针短针]
（ 从1针中编织 ）

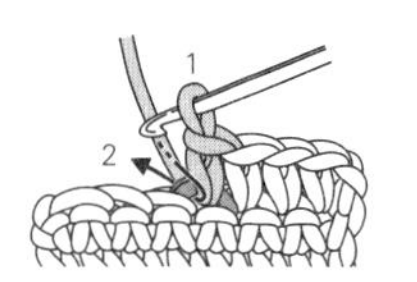

编织1针短针，另一针也在同一位置入针编织。

[3针长针并1针]

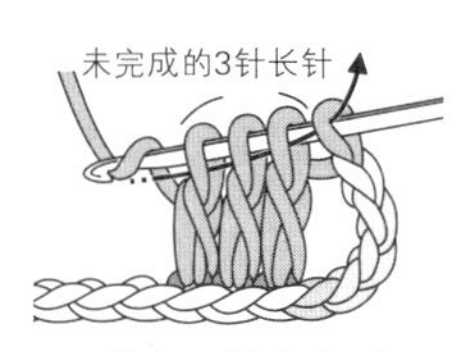

1 编织3针未完成的长针，钩针挂线，一次从所有的线圈中引拔出。

2 完成。下一针编织后上一针的形状就固定了。

＊整束编织的时候

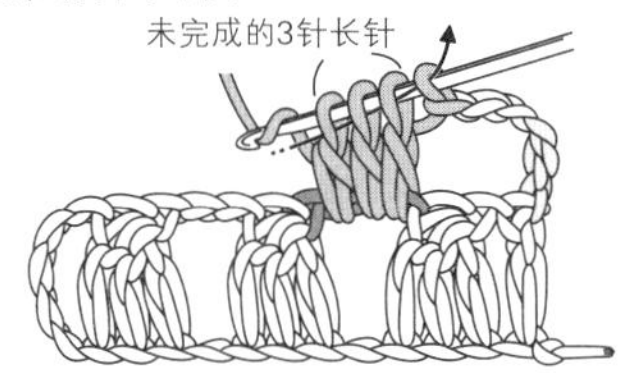

把前一行的锁针链整束挑起编织3针未完成的长针，一次引拔出。

[2针短针并1针]

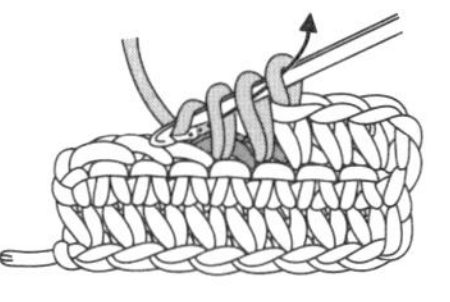

1 针上挂线后拉出，下一针也钩针挂线后拉出（未完成的2针短针）。钩针挂线，一次从钩针上的3个线圈中引拔出。

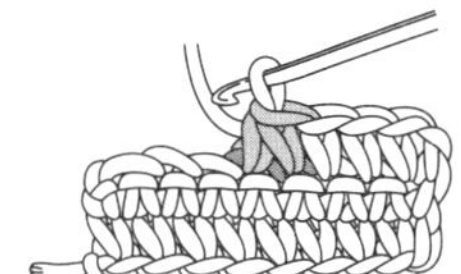

2 完成。

[3针长针的枣形针]（ 从1针中编织 ）

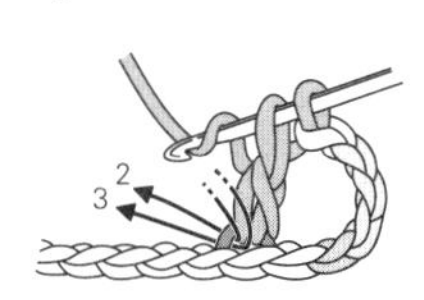

1 先编织1针未完成的长针，在相同的针目处再编织2针未完成的长针。

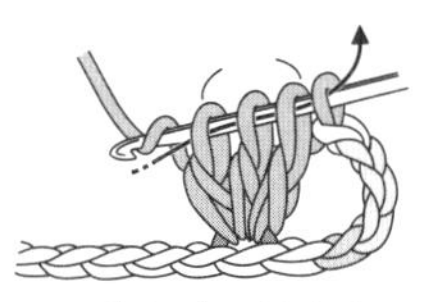

2 编织完3针未完成的长针后，钩针挂线，一次从所有的线圈中引拔出。

3 完成。符号图下面闭合，表示从同一个针目里入针编织。

[3针长针的枣形针]（ 整束编织 ）

1 符号图下面开口时，要把上一行的锁针链整束挑起编织。

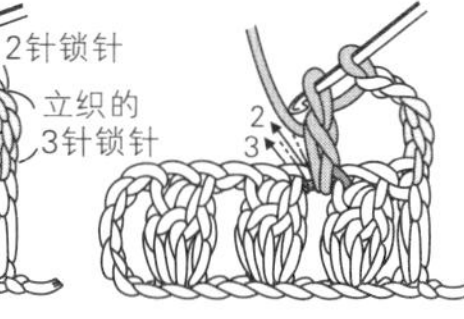

2 编织未完成的长针，在同一位置入针编织剩下的2针未完成的长针。

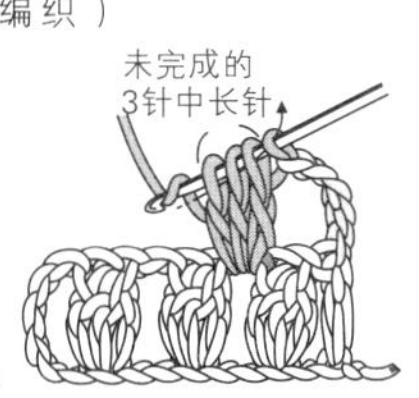

3 编织完3针未完成的长针之后，钩针挂线，一次从所有的线圈中引拔出。

[3针中长针的枣形针]（ 从1针中编织 ）

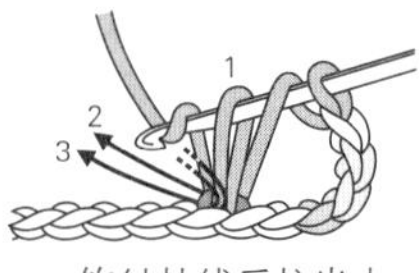

1 钩针挂线后拉出未完成的中长针（参照p.83），然后从同一位置入针，用相同方法再编织2次，完成3针未完成的中长针。

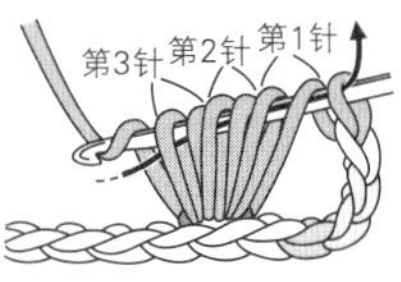

2 钩针挂线，从7个线圈中一次引拔出。

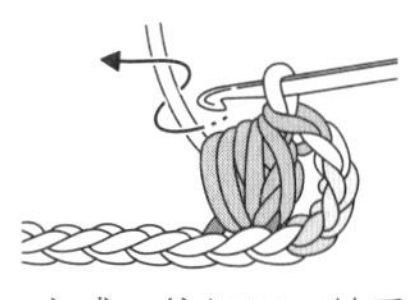

3 完成。编织下一针后上一针的形状就固定了。编织出来的效果是针目的头针要比“枣形”稍靠右偏。符号图下面闭合时，所有未完成的针目都要在同一个针目里编织。

[3针中长针的枣形针]（ 整束编织 ）

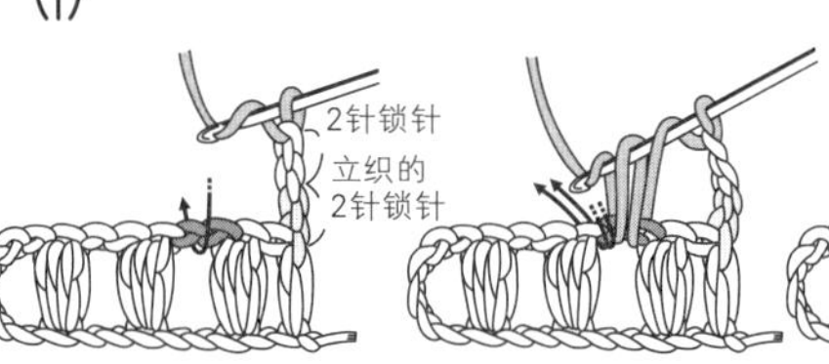

1 符号图下面开口时，要把上一行的锁针链整束挑起编织。

2 钩针挂线后拉出未完成的中长针，然后从同一位置入针，用相同方法再编织2次，完成3针未完成的中长针。

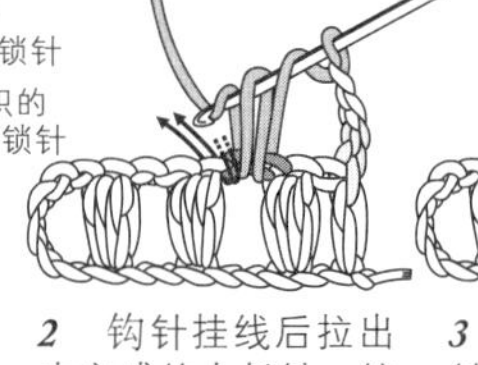

3 钩针挂线，从钩针上的7个线圈中一次引拔出。

[变化的3针中长针的枣形针]（从1针中编织）

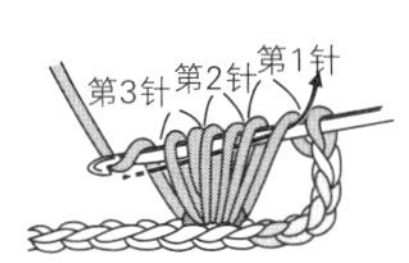

1　在同一个针目里编织3针未完成的中长针，然后钩针挂线，从针上的6个线圈中一次引拔出。

2　再次钩针挂线，从剩下的2个线圈中引拔出。

3　编织时，枣形针的头部不偏移。

[变化的3针中长针的枣形针]（整束编织）

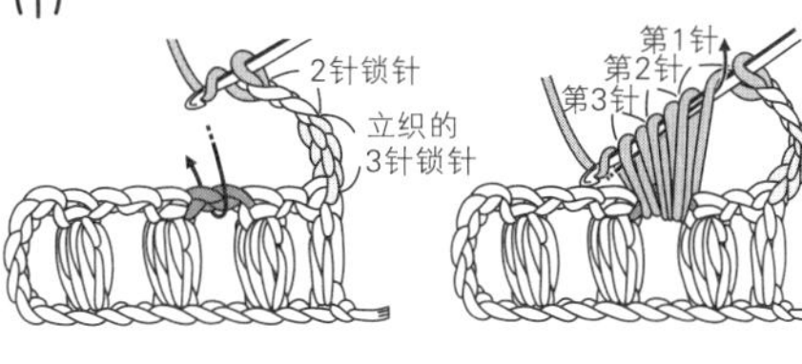

1　符号图下面开口时，要把上一行的锁针链整束挑起编织。

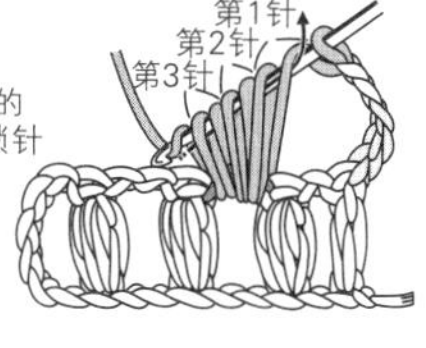

2　编织3针未完成的中长针，然后钩针挂线，从针上的6个线圈中一次引拔出。

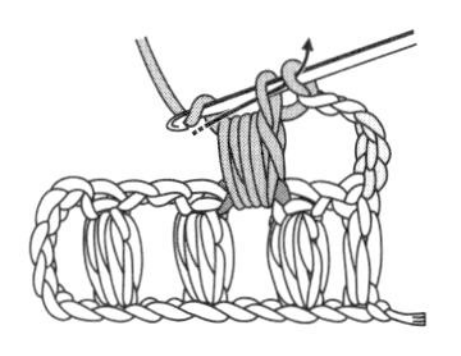

3　再一次钩针挂线，从剩下的2个线圈中引拔出。

[3针锁针的狗牙拉针]（在长针中编织）

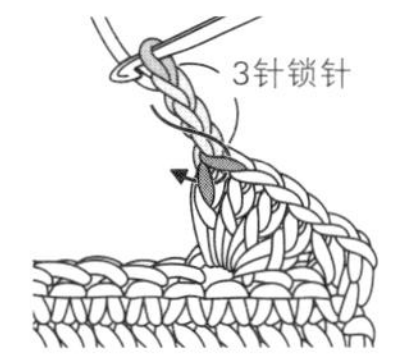

1　编织3针锁针，把狗牙拉针根部长针头部的半针和根部的1根线挑起。

2　钩针挂线后引拔出。

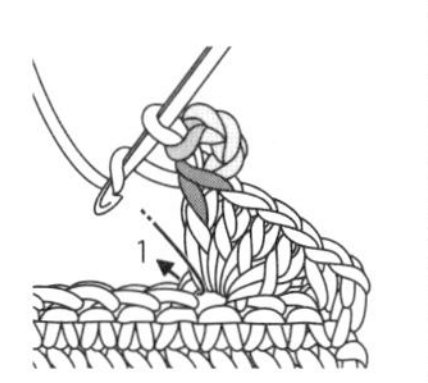

3　3针锁针的狗牙拉针编织完成。

[3针锁针的狗牙拉针]（在锁针中编织）

1　编织锁针之后再编织3针锁针，从狗牙拉针根部锁针的半针和里山挑针编织。

2　钩针挂线后引拔出。

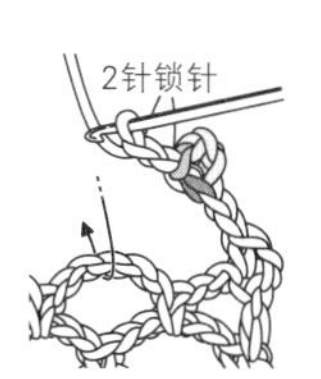

3　狗牙拉针编织完成之后又编织2针锁针的情况。

[短针的配色花样]横向渡线编织。

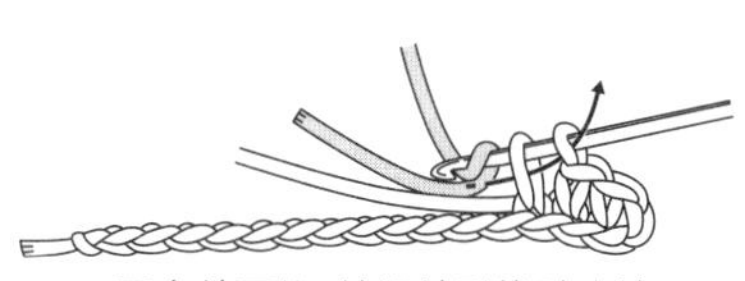

1　要在前面的1针短针引拔时（针目是未完成的状态）换成配色线。

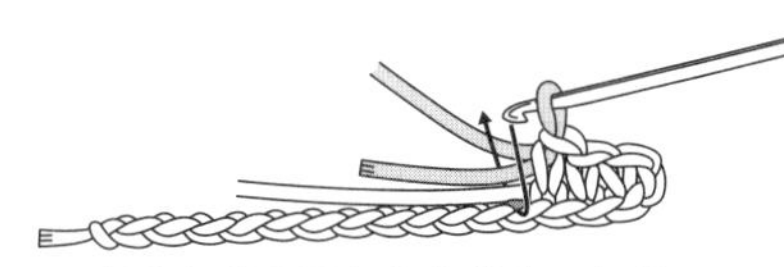

2　把底色线和配色线的线头一起挑起后拉出。

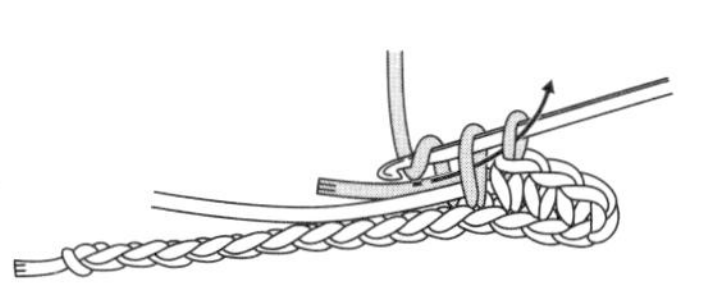

3　把底色线和线头一起包裹着编织的同时，再用配色线编织短针。

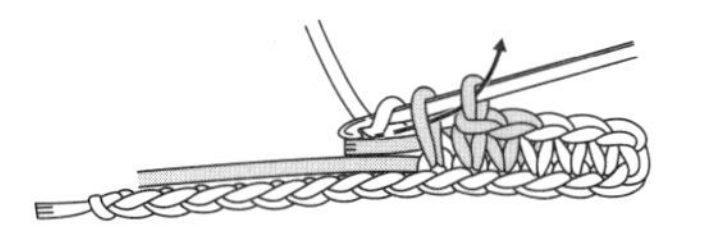

4　配色线在最后引拔时再换成底色线。

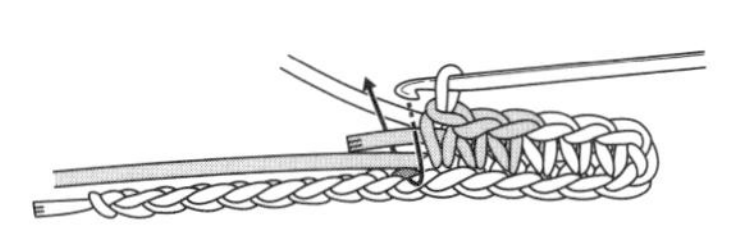

5　在包裹着编织的同时，用底色线编织短针。

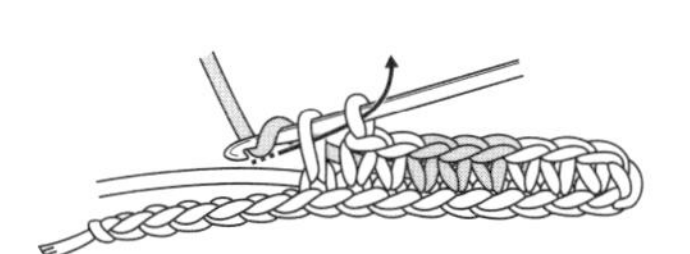

6　按照相同的编织要领，换不同的线编织。

[罗纹绳的编织方法]

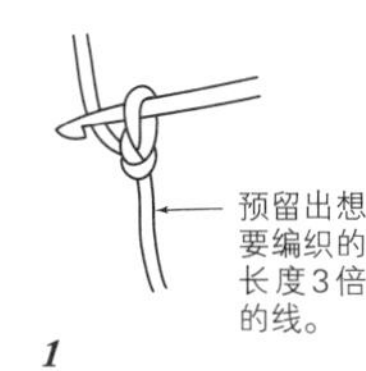

1

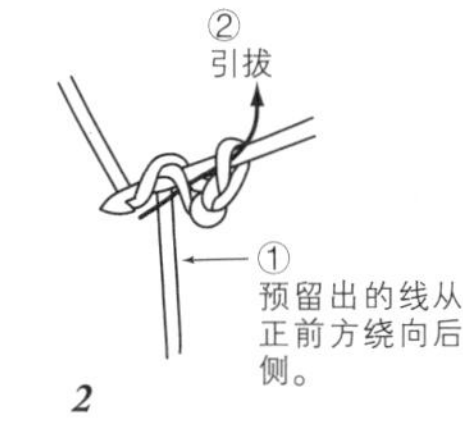

2

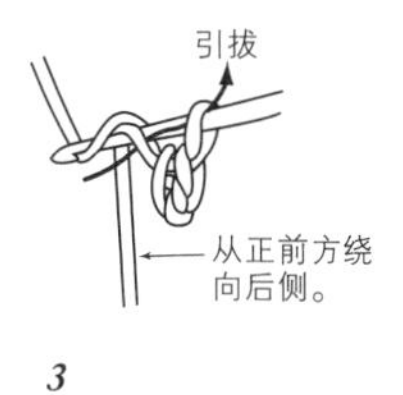

3

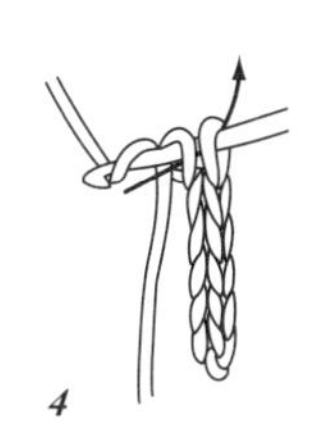

4

[花片的连接方法]

[短针连接]

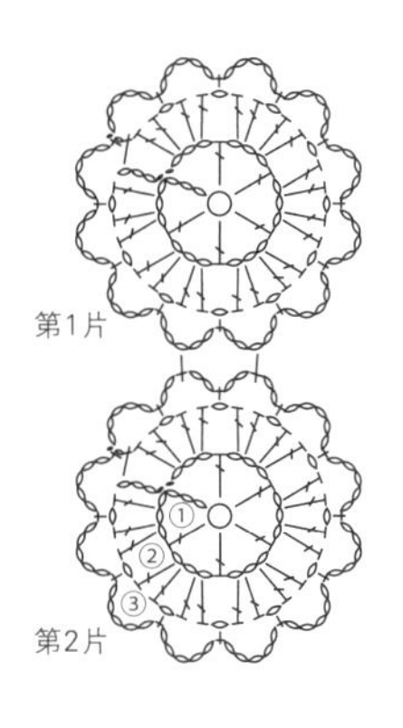

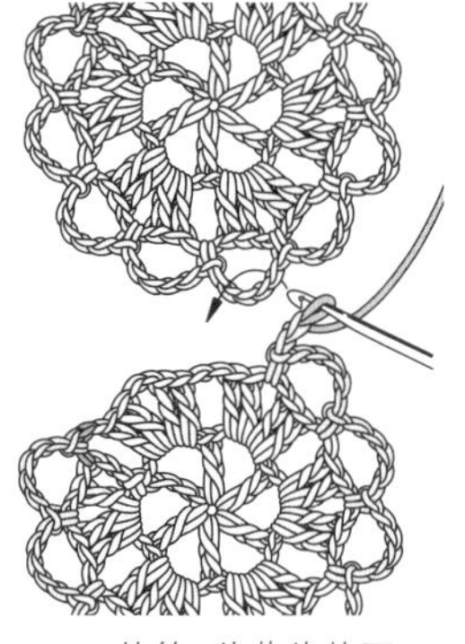

1 从第1片花片的下侧入针。

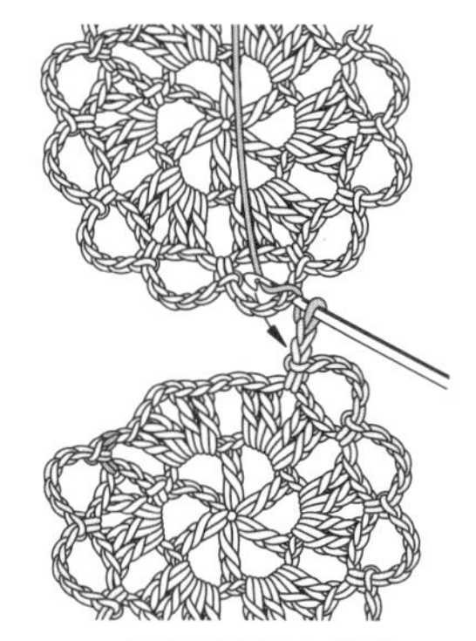

2 把上面渡过来的线挂在钩针上拉出。

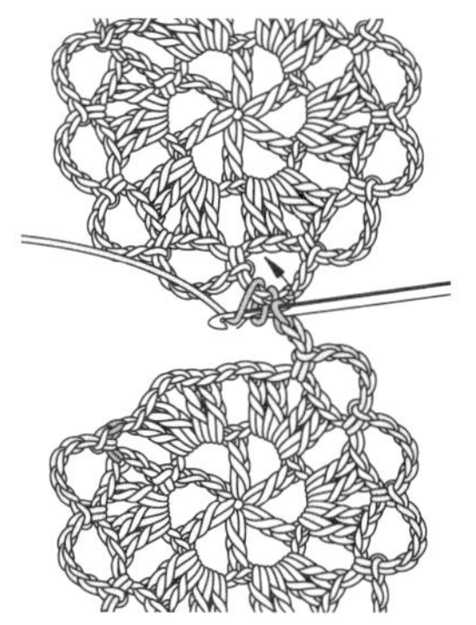

3 钩针挂线，引拔后编织短针。

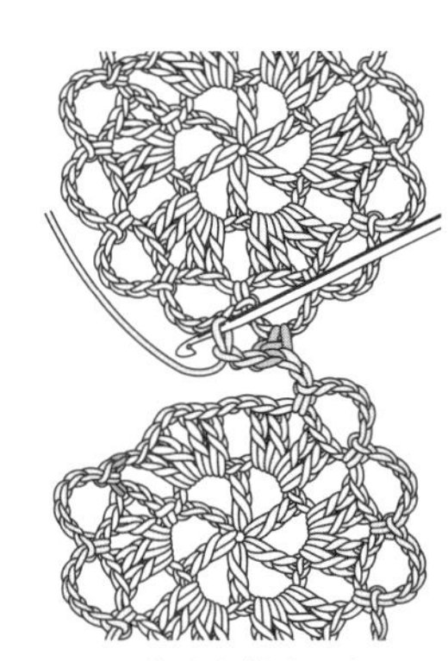

4 花片连接在一起。继续编织。

[引拔针连接]

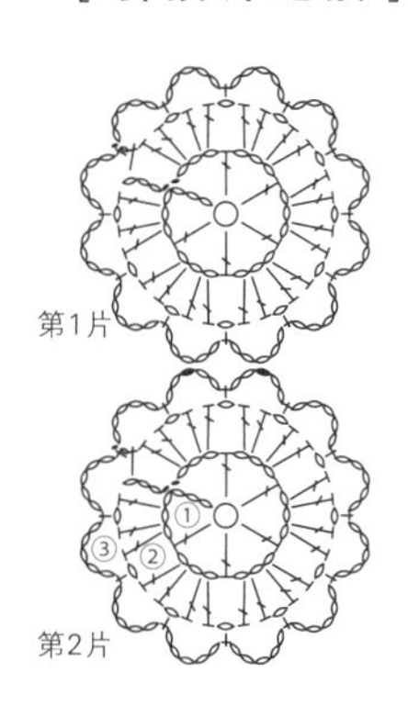

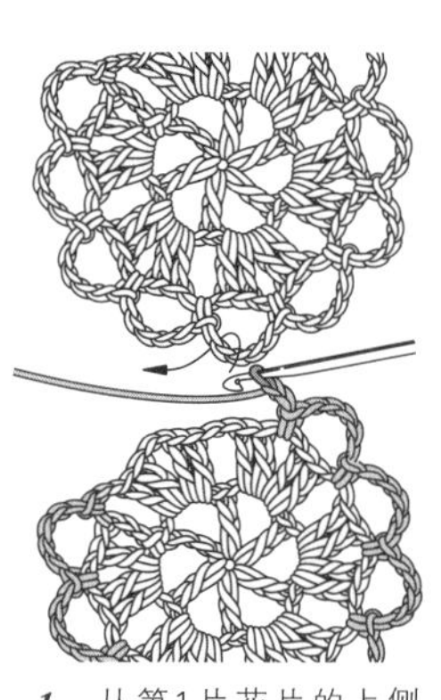

1 从第1片花片的上侧入针。

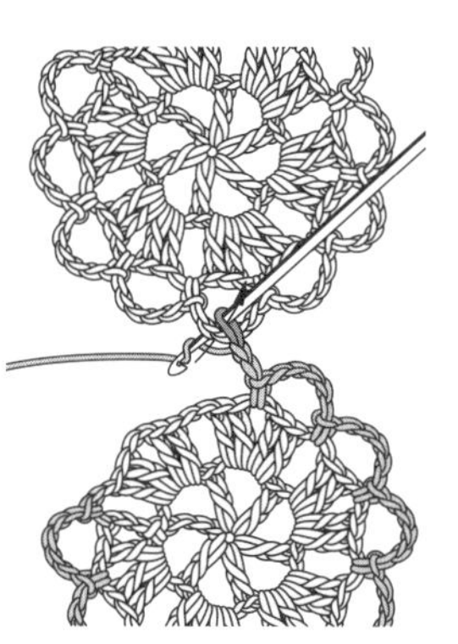

2 钩针挂线，引拔。

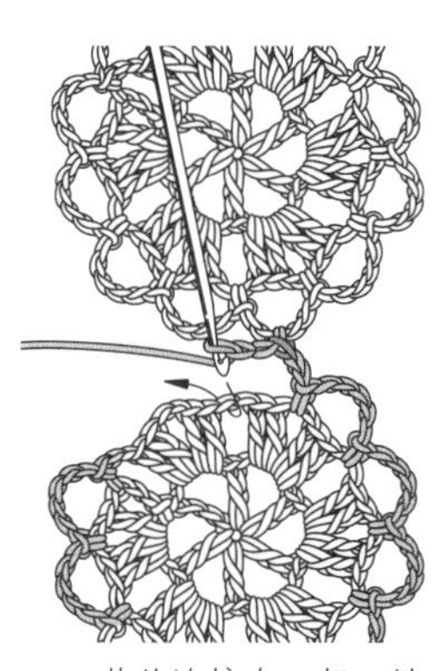

3 花片连接在一起。继续编织。

[引拔针连接3片及以上花片]

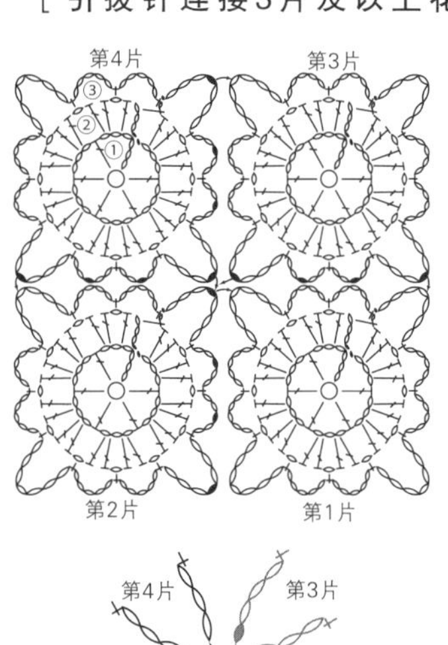

第4片　第3片

第2片　第1片

第4片　第3片

第2片　第1片

第2片

第1片　第3片

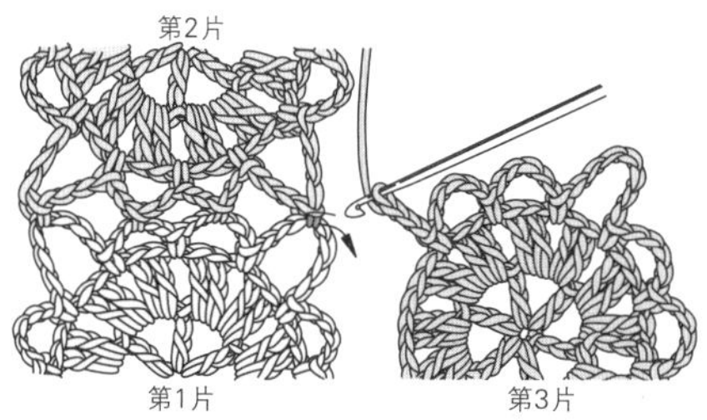

1 从第1片花片和第2片花片连接在一起的引拔针的下面，如图所示入针后引拔，连接第3片花片。

2 引拔后的样子。继续编织。

第4片　第3片

第2片　第1片

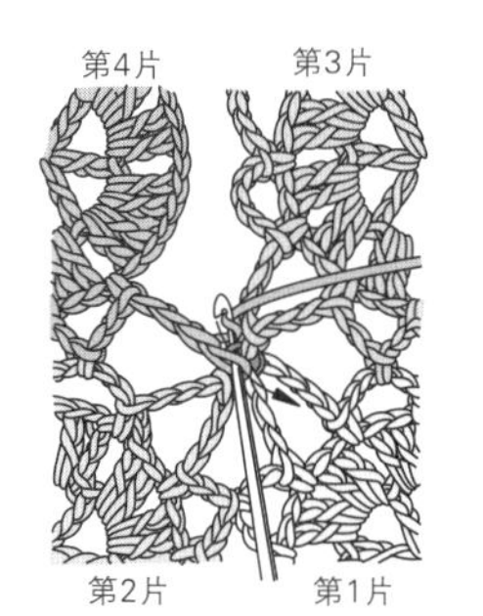

3 第4片花片也从与步骤*1*相同的位置入针，引拔。

第4片　第3片

第2片　第1片

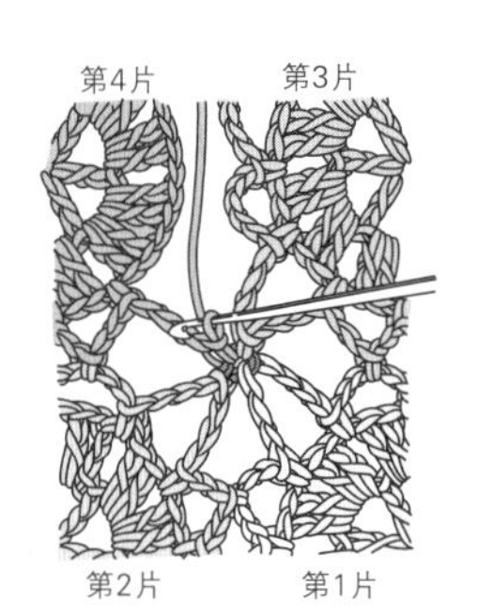

4 引拔后的样子。继续编织。

[长针连接]

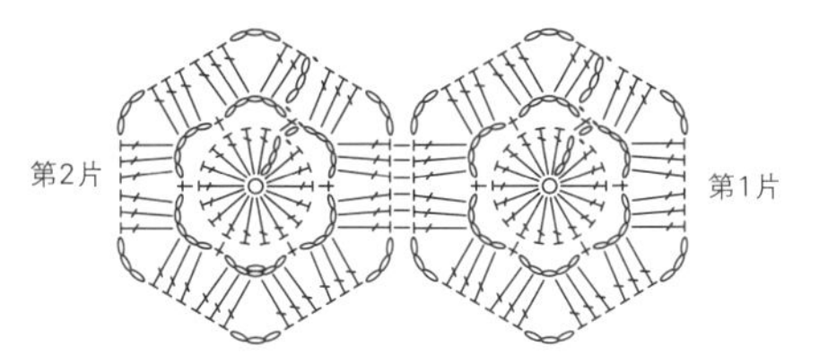

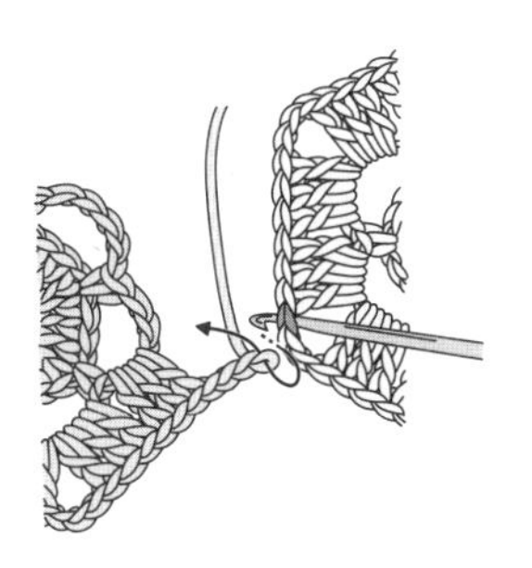

1 编织到连接处正前方后不小心脱针的话，就挑起第1片花片长针旁边锁针的2根线入针，然后再返回第2片花片的针目里。

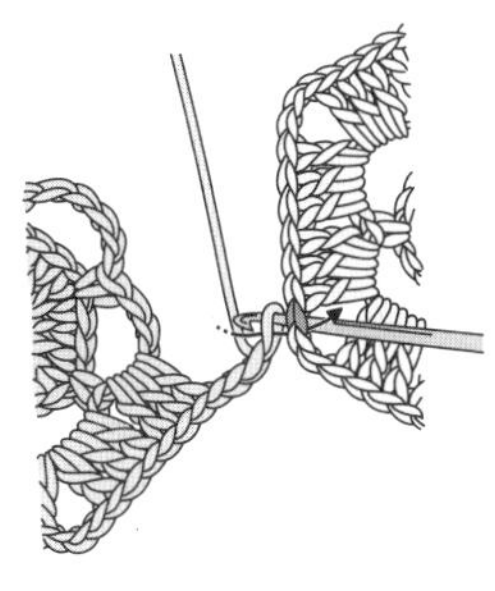

2 从第2片花片的针目中穿过第1片花片后拉出。

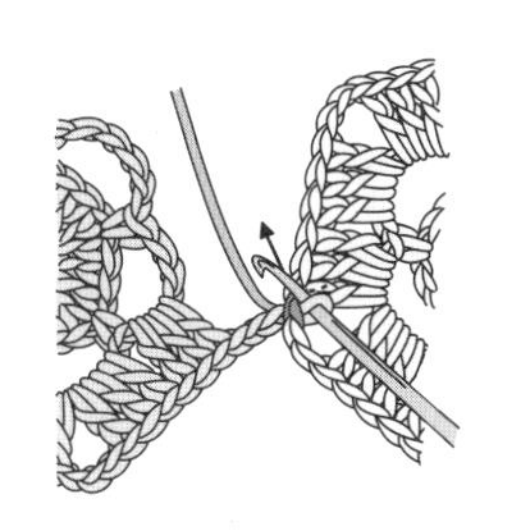

3 挑起第1片花片下一针长针头部的2根线入针。

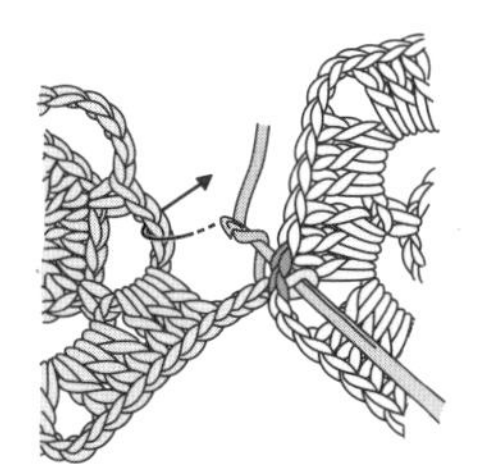

4 钩针挂线，在第2片花片的锁针链上挑针。

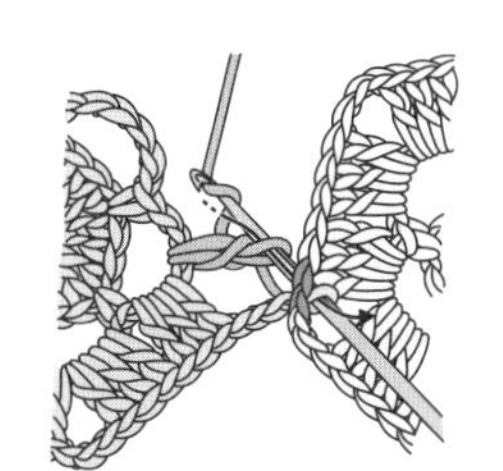

5 编织长针。

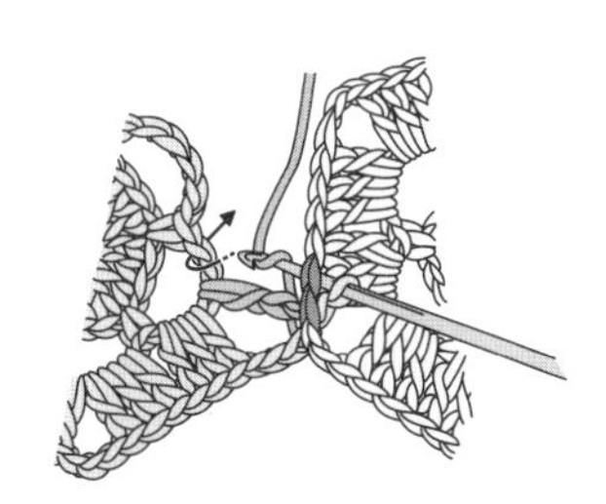

6 继续把钩针插入第1片花片长针头部，编织长针的同时将2片花片连接到一起。

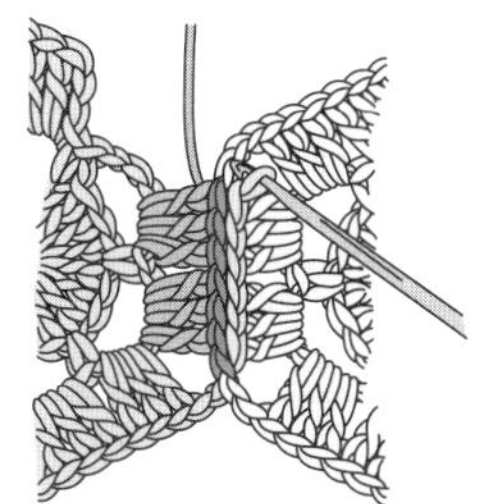

7 连接后的样子。继续编织第2片花片。

[卷针缝连接]

（全部针目的卷针缝）

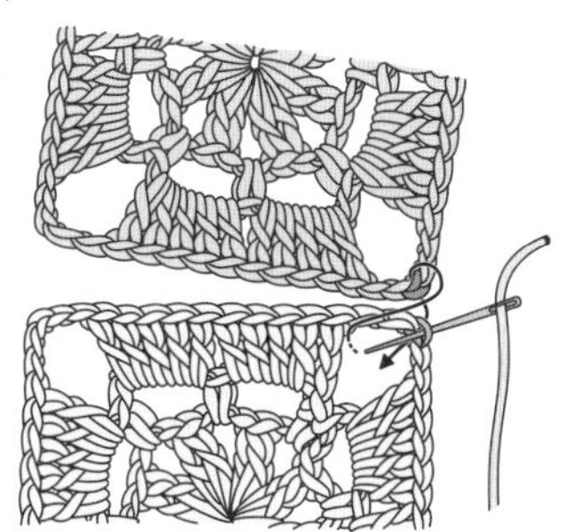

1 穿入手缝针，把2片花片正面朝上对齐，从转角中央处的锁针半针下面入针。

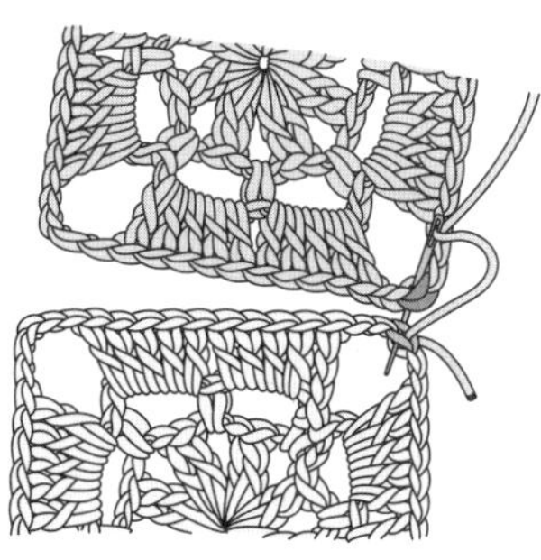

2 分别挑起锁针的2根线后拉出。

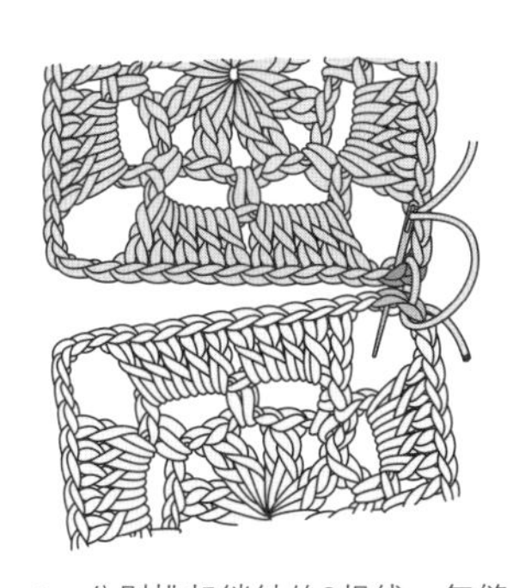

3 分别挑起锁针的2根线，每缝1针都把线拉出1次。

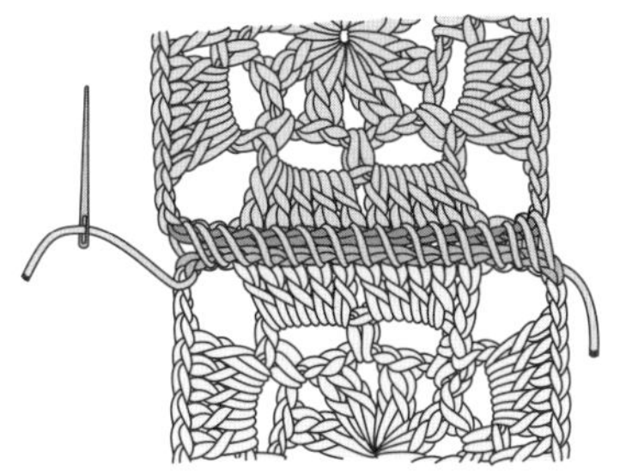

4 长针的部分是分别挑起头部的2根线，按照相同的要领做卷针缝连接。

＊半针的卷针缝

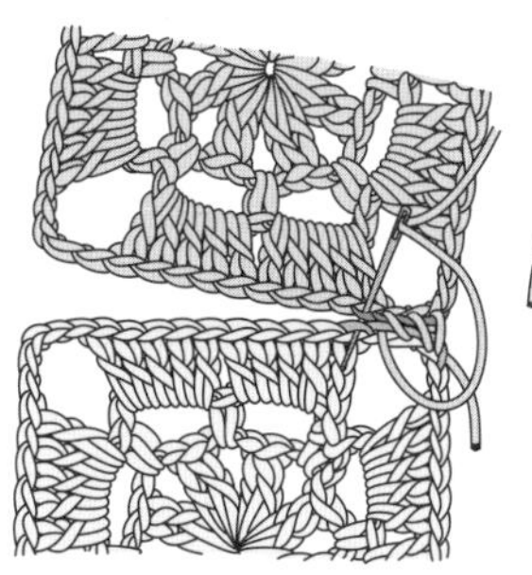

5 编织要领与全部针目的卷针缝相同，分别挑起锁针和长针头部外侧的1根线做卷针缝连接。

图书在版编目（CIP）数据

活用钩织花片和图案制作可爱的手编小物 / (日) 远藤广美编著；甄东梅译. —郑州：河南科学技术出版社, 2021.9
ISBN 978-7-5725-0427-3

Ⅰ. ①活… Ⅱ. ①远… ②甄… Ⅲ. ①钩针–编织–图集 Ⅳ. ①TS935.521-64

中国版本图书馆CIP数据核字(2021)第137135号

出版发行：河南科学技术出版社
地址：郑州市郑东新区祥盛街 27 号 邮编：450016
电话：（0371）65737028 65788613
网址：www.hnstp.cn
策划编辑：刘 欣
责任编辑：张 培
责任校对：马晓灿
封面设计：张 伟
责任印制：张艳芳
印 刷：河南博雅彩印有限公司
经 销：全国新华书店
开 本：889 mm × 1194 mm 1/16 印张：5.5 字数：160 千字
版 次：2021 年 9 月第 1 版 2021 年 9 月第 1 次印刷
定 价：49.00 元